IMMANUEL BIRMELIN

Eine zweite Chance für Momo

Wie ein verloren geglaubter Hund zurück ins Leben findet

IMMANUEL BIRMELIN

Eine zweite Chance für Momo

Wie ein verloren geglaubter Hund zurück ins Leben findet

Inhalt

»Herr Birmelin, was sagen Sie zu ...«

Was hat Sie bewogen, einen Hund, der kaum Kontakt zu Menschen und Artgenossen hatte, aufzunehmen?
Nachdem mein geliebter Bernhardiner Balu gestorben war, konnte ich mir ein Leben ohne Hund kaum mehr vorstellen. Und wie der Zufall es will, bekam ich gerade jetzt einen Anruf, dass ein Bernhardiner-Rüde ein neues Zuhause sucht. Ich erfuhr, wie dieser Hund lebte, und bekam Mitleid mit ihm. Die arme Kreatur hat Ähnliches erlitten wie sein menschlicher Leidensgenosse Kaspar Hauser, der viele Jahre seiner Kindheit einsam – ohne soziale Kontakte – in einer Höhle dahinvegetierte und lediglich mit Nahrung versorgt wurde. Mit Momo, so nannte ich den Bernhardiner, hoffte ich noch mehr Zugang zum Denken und Fühlen von Hunden zu bekommen. Mein größter Wunsch aber war, Momo von seiner Angst zu befreien. Ich traute mir zu, uns beiden ein schönes gemeinsames Leben zu ermöglichen. Und Erfahrung mit Tieren konnte ich in meinem Leben tatsächlich viele sammeln.

Was war zu Beginn von Momos Einzug in Ihr Haus besonders überraschend für Sie?
Tiere haben mich durch mein gesamtes Leben begleitet – nicht nur privat, sondern auch als Wissenschaftler. Unter anderem hatte ich das große Glück, Wildtiere in Afrika beobachten und studieren zu können. Ich konnte mir beispielsweise nicht vorstellen, dass ein durstiges Tier Wasser meidet, weil es Angst vor ihm hat. Ich war der festen Über-

Immanuel Birmelin mit seinem Hund Momo

zeugung, dass etwa das Trinken aus einem Bach oder einem See ein angeborenes Verhalten ist. Doch da habe ich mich getäuscht. Nur mit viel Überzeugungskraft konnte ich Momo bei unseren ersten Spaziergängen die Angst vor einem Bach nehmen, obwohl er Durst haben musste. Es dauerte mehrere Tage, bis er seine Angst überwunden hatte und seinen Durst im Bach stillte. Heute liebt er es sogar, in Bächen zu planschen. Ein anderes Beispiel: Ich dachte immer, jeder Hund kann einen Knochen mit Fleisch fressen. Das sei auch ein angeborenes Verhalten. Falsch! Als ich dem hungrigen Momo eine gekochte Beinscheibe anbot, wusste er nichts damit anzufangen. Er musste erst lernen, wie man mit solch einem Teil umgeht. Heute sind gekochte Beinscheiben seine Lieblingsspeise.

Wie sind Sie vorgegangen, um Stück für Stück Momos Vertrauen zu gewinnen?

Es gibt meines Wissens kein »Rezept«, wie man das Vertrauen eines anderen Lebewesens gewinnen kann.

Jedes Lebewesen trägt seine eigene DNA und hat außerdem ganz persönliche Erfahrungen gemacht, die es verarbeiten muss. Bei meinem Lehrer Professor Bernhard Hassenstein habe ich gelernt, wie man mit Kindern, die milieubedingte Verhaltensstörungen aufweisen, umgeht. Momos Verhalten erinnert mich sehr an diese armen Geschöpfe. Seit über einem Jahr habe ich dementsprechend nie ein böses Wort an Momo gerichtet oder ihn gar angeschrien. Bestrafungen für Fehlverhalten gibt es nicht. Kommandos wie etwa »Sitz«, »Platz«, »Fuß usw. werden nicht eingeübt und müssen befolgt werden. Ich habe Glück. Momo und ich versuchen die Gedanken des anderen zu erraten, und ich bin erstaunt, wie häufig dies gelingt ...

Was war für Sie, als Verhaltensforscher, besonders anspruchsvoll in Bezug auf den Umgang mit Momo?

Wie schon gesagt, war mein größter Wunsch, Momo von seinen enormen Ängsten zu befreien. Zugegeben, ein ambitioniertes Vorhaben, doch wenn es gelingen würde, wäre das eine wunderbare Perspektive, um Momo ein glückliches Hundeleben zu ermöglichen. Und dann fand ich mit viel Empathie tatsächlich den Schlüssel zu Momos Psyche. Heute sind Momo und ich ein Herz und eine Seele. Aus Momo ist ein ganz normaler, typischer Bernhardiner geworden, der inzwischen sogar etwas verteidigt, das er besonders liebt, und sich nicht angstvoll zurückzieht. Allerdings überraschte es mich doch, wie lange es auch bei Tieren dauert, negative Erfahrungen zu verarbeiten und Neuland zu betreten. Es vergingen Wochen und Monate, bis Momo sein Angstkorsett ablegte. Selbst heute noch, nach über einem Jahr des Zusammenlebens, kann es passieren, dass eine unwillkürliche Handbewegung von mir Angst in ihm auslöst. Das kommt zwar mittlerweile sehr selten vor, aber dennoch passiert es.

Momo hat seine Angst besiegt.

Glauben Sie, dass die Überängstlichkeit bei Momo gewissermaßen angeboren ist oder vor allem durch seine schrecklichen Haltungsbedingungen ausgelöst wurde?
Das lässt sich nicht so einfach beantworten. Man weiß heute, dass beim Menschen bestimmte Gene das Risiko für eine Angststörung erhöhen. Und bekannt ist auch, dass Stress bei Menschen und Tieren, die diese Veranlagung in sich tragen, Panikattacken auslöst. Dem Thema Angst und wie man sie bewältigen kann, habe ich deshalb in diesem Buch viel Platz gewidmet.

Was empfinden Sie heute, wenn Sie auf die Entwicklung von Momo in den letzten Monaten zurückblicken?
Jeder Tag mit Momo ist spannend. Ich lerne täglich, seine Psyche besser zu verstehen. Das ist ein großes Abenteuer für mich. Ich freue mich, dass ich Momos Angstmomente inzwischen gut einordnen kann und sie nur noch ganz selten vorkommen. Momos Leben wird nicht mehr von der Angst diktiert. Vorsichtig, aber neugierig und bestimmt erobert er sich seine Welt. Dies zu beobachten, ist äußerst befriedigend für mich. Häufig denke ich: Tiere sind uns näher, als wir meinen. Danke, Momo!

1

Eine unbekannte Welt

Meine Frau Sylvia, Momo und ich gehen spazieren. Momo ist ein vierjähriger Bernhardiner. Wir kennen uns noch nicht lange. Es ist unser dritter gemeinsamer Spaziergang. Draußen ist es kalt, überall liegt Schnee. Ich knöpfe mir die Jacke zu und habe dazu nichts ahnend die Hundeleine am Stahlpfahl eines Verkehrsschildes festgemacht. Wie von der Tarantel gestochen springt Momo panikartig in die Höhe, zerrt an der Leine und jault herzzerreißend. Er schlüpft aus dem Halsband und rennt blindlings auf einen angrenzenden Acker. Erst nach mehreren Rufen kommt er zögernd zu mir zurück.

Ich streichle Momo und spreche dabei ganz ruhig mit ihm. Sylvia nimmt instinktiv seinen schweren Kopf in beide Hände und krault ihn. Unser Verhalten beruhigt Momo. Nach etwa 15 Minuten beginnt er im Gras zu schnuppern, seine Welt scheint wieder in Ordnung zu sein. Wir sind über dieses Verhalten erschrocken und diskutieren während des ganzen Spaziergangs, was wohl in Momos Kopf vor sich gegangen sein mag, als ich die Leine befestigte. Seitdem vergeht kaum ein Tag, an dem ich nicht darüber grüble, wie Momo unsere Welt erlebt. Wie er zurechtkommt in seiner neuen Umgebung, und was er wohl erlebt hat, bevor er zu uns kam.

Gern möchte ich Sie an dieser Diskussion teilnehmen lassen. Doch dazu müssen Sie etwas von Momos bisherigem Leben wissen. Beginnen wir also die Geschichte von vorne.

Wie alles anfing

Eine Woche nach dem Tod meines Bernhardiners Balu bekam ich eine Mail, dass ein männlicher Bernhardiner ein neues Zuhause sucht. Das war ein Wink des Schicksals, denn ich litt sehr unter dem Tod meines geliebten vierbeinigen Freundes. Meine Frau wollte keinen Hund mehr, geschweige denn einen großen Bernhardiner. Ich selbst war unentschieden, obwohl die übrige Familie mir zu einem Hund riet.

Als ich mehr über den Rüden erfuhr, tat er mir sehr leid. Er hatte eine schwere Vergangenheit. Kaum oder gar kein Kontakt zu anderen Hunden oder Menschen prägten seinen Alltag. Die Dame, die mir diesen bedauernswerten Hund vermitteln wollte, war eine engagierte Tierfreundin. Sie wusste, dass ich schon Erfahrung mit Bernhardinern hatte. Wir beide verstanden uns gut und versuchten die Probleme einzuschätzen. Nun lag es an mir, ob ich mich wieder auf eine neue Bindung und Verantwortung einlassen wollte. Es war, weiß Gott, keine leichte Entscheidung, aber frei nach Loriot sagte ich mir: »Ein Leben ohne Hund ist ein Hundeleben.« Als mein Entschluss schließlich feststand, spürte ich, wie in mir wieder Freude aufkam. Meine Frau akzeptierte meine Entscheidung, und wir holten unser neues Familienmitglied in Kassel ab.

Der erste Eindruck ließ vor allem Wut in mir aufsteigen. Das Tier war bis auf die Knochen abgemagert. Solch einen Bernhardiner, der ja normalerweise wegen seiner imposanten Erscheinung beeindruckt, hatte ich zuvor noch nie gesehen. Ich war erschrocken. Die arme Kreatur zeigte sich sehr ängstlich und scheu. Als ich den Bernhardiner streicheln wollte, wich er aus und senkte den Kopf seitlich nach unten. Die Angst war ihm ins Gesicht geschrieben. Während wir die Formalitäten erledigten, sprang er von sich aus in unser Auto. So als wollte er uns sagen: »Lasst uns bitte sofort nach Hause fahren.« Das war der Start in ein neues Leben – sowohl für Momo als auch für uns ...

Ankunft im neuen Zuhause

Die lange Reise von Kassel nach Freiburg verlief problemlos. Ein Großteil der Zeit schlief Momo. Bei unserer Ankunft nahm ich ihn, ohne viel zu überlegen, an die Leine, um ins Haus zu gehen. Das Haus liegt an einem Hang, und zur Eingangstür geht man eine kleine Treppe mit 12 Stufen hinauf. Viele Hunde und Menschen sind diese Treppe ohne Probleme hochgegangen. Aber Momo kannte wohl keine Treppen.

Er weigerte sich mit Bernhardinerkraft, die Treppe zu betreten. Alles Einreden, Streicheln und Locken mit Futter half nichts. Ich war verzweifelt, was sollte ich nur tun? Einen vier Jahre alten Bernhardiner die Treppe hochzutragen, schaffe ich nicht. Ich musste sanfte Gewalt anwenden und zog Momo an der kurzen Leine mehr oder weniger einige Stufen die Treppe hoch. Dabei redete ich beruhigend auf ihn ein. Zum Glück ging er die letzten Stufen freiwillig. Sein erstes Erfolgserlebnis. Das nutzte ich aus. Sofort ging ich noch zwei- oder dreimal die Treppe mit ihm hoch und runter. Treppensteigen ist bis heute ein Problem für Momo, aber durch freundliches Zureden besiegt er seine Angst, solange ich unmittelbar neben ihm auf der Treppe gehe.

Im Haus lief Momo unruhig umher und beobachtete unsere Handlungen. Wenn man sich ihm näherte, drehte er den Kopf seitlich nach unten. Er schaute weder Sylvia noch mich direkt an. Wir glauben, er hatte Angst vor einer direkten Konfrontation mit einem Menschen. Aber glücklicherweise war er auch sehr neugierig und beschnupperte alles. Vermutlich roch er noch Balu, seinen Vorgänger, im Haus. Vielleicht gab ihm dieser Geruch etwas Sicherheit.

Um Momo die Angst zu nehmen, ihn auf andere Gedanken zu bringen und Vertrauen zu geben, fütterte ich ihn. Er bekam etwa eineinhalb Kilogramm gekochtes Fleisch mit Kartoffeln und zwei Eier. Im Nu hatte er seine Schüssel leer gefressen, und sein Blick verriet, dass er sich einen Zuschlag wünschte – den er auch bekam.

Die Sache mit der Beinscheibe

Die nächsten drei Tage waren reine Fressorgien. Ich habe noch nie einen Hund erlebt, der so viel fraß wie Momo. Wo er diese Mengen in seinem Magen-Darm-Trakt unterbrachte, ist mir bis heute ein Rätsel.

Nach diesen ersten Tagen hatte sich Momos Heißhunger gelegt, und er fraß so viel wie meine anderen Bernhardiner. Wenn er satt war, ließ er den Rest stehen. Sein Fressverhalten ist inzwischen völlig normal. Aber der Weg dahin war voller Überraschungen.

Als Momo zu uns kam, war er bis auf die Knochen abgemagert. Heute ist er ein stattlicher Bernhardiner, der gut und gerne futtert.

Eines Tages bot ich Momo mit der Hand eine große, gekochte Beinscheibe an. Er schnupperte zwar an ihr, nahm sie aber nicht ins Maul. Nach langem Zögern biss er schließlich ins Fleisch. Jetzt hatte er die große Beinscheibe im Maul, wusste aber nicht, was er damit anfangen sollte. Ich wartete ungefähr zehn Minuten, dann nahm ich die Scheibe, zerkleinerte das Fleisch und bot ihm kleine Stücke an, die er freudig fraß. Momo hatte vermutlich zum ersten Mal in seinem Leben eine große Beinscheibe mit Knochen gesehen und gefressen. Am nächsten Tag fütterte ich wieder eine Beinscheibe. Er reagierte wie am Vortag auf diesen Leckerbissen – und ich auch.

Bei der dritten Beinscheibe siegten jedoch Momos Neugier und Appetit. Er trug den großen Bissen durch den Garten, legte sich ins Gras und begann die Beinscheibe zu fressen. Seit diesem Tag sind Beinscheiben seine absolute Lieblingsspeise. Ich hatte immer gedacht: Knochen mit Fleisch zu fressen, das kann jeder Hund von Geburt an. Doch Momo hatte mir gerade das Gegenteil bewiesen.

Der erste Spaziergang

Der erste Spaziergang war eine Überraschung. Ich ging mit Momo – in der Absicht, andere Hundefreunde mit ihren Vierbeinern zu treffen – im nahe gelegenen Park spazieren. Ich wollte wissen, wie Momo auf Artgenossen reagiert. Momo ist zwar spindeldürr, jedoch ein großer, ausgewachsener Bernhardiner. Er überragt die meisten anderen Hunde.

Dann entdeckte Momo einen mittelgroßen Kumpanen, blieb stehen, beobachtete ihn, zog an der Leine und rannte auf ihn zu. Ich freute mich und dachte: Toll, er versteht sich mit anderen Hunden. Sein Artgenosse wollte aber nichts von ihm wissen und lief einfach weiter. Als ihm Momo zu nahe kam, knurrte er kurz. Worauf Momo panikartig die Flucht ergriff. Er

GUT ZU WISSEN

Das »Spielgesicht« des Hundes

Ob ein Hund in Spiellaune ist, lässt sich leicht erkennen. Er setzt dazu das sogenannte Spielgesicht auf. Dabei hat der Vierbeiner das Maul weit geöffnet, sodass die Zähne sichtbar sind. Seine Nase ist gekraust. Sein Blick geht leicht am Spielpartner vorbei, um ihn nicht zu fixieren, was eine Bedrohung bedeuten würde. Auch mit der Vorderkörper-Tiefstellung signalisiert ein Hund seine Lust aufs Spielen. Der Vorderkörper wird auf den Boden gedrückt, der Kopf zwischen die Pfoten gelegt und das Hinterteil mit durchgestreckten Hinterbeinen in die Höhe gereckt.

zog an der langen Leine und lief blindlings davon. Der Höhepunkt dieses Morgens war jedoch die Begegnung mit einer vier Monate alten Berner Sennenhündin. Sie forderte ihn zum Spielen auf, aber er konnte ihr einladendes Spielgesicht nicht interpretieren (→ Gut zu wissen, Seite 18). Die Aufforderung eines anderen Hundes, mit ihm zu spielen, verstand er offensichtlich nicht und wollte flüchten. Ich hatte den Eindruck, dass er die Hundesprache nicht beherrscht. Alles war Momo fremd. Ich hinderte ihn am Wegrennen, indem ich ihn festhielt. Aber nach 10 bis 15 Minuten gab ich auf. Alles freundliche Zureden und Streicheln halfen nichts, Momo wollte weg. Aber ich wusste ja bereits, dass er nicht nur ängstlich, sondern auch neugierig ist. Und das machte mir Mut.

Ich muss lernen, Momo noch besser zu verstehen – seine Gedanken und Gefühle nachvollziehen können. Wie schwer das ist, habe ich oft am eigenen Leib erlebt. Wie wir wissen, nehmen Hunde die Welt anders wahr als wir selbst und beurteilen sie auch anders. Als Biologe gehe ich solchen Fragen mit Experimenten auf den Grund. Wenn man Glück hat, bekommt man eine Antwort. Wie oft man dabei seine eigenen vorgefassten Meinungen korrigieren muss, hat uns folgendes Experiment verdeutlicht.

Der Eimer-Versuch – ein Experiment zur Wahrnehmung

Wir stellten an Passanten in der Innenstadt von Freiburg folgende Frage: »Erkennt Sie Ihr Hund, wenn man Ihnen einen Eimer über den Kopf stülpt und Sie sich auf allen vieren auf ihn zubewegen?« Die Passanten schmunzelten über diese Frage und dachten wahrscheinlich, wie verrückt Wissenschaftler doch sind. 83 Prozent der Passanten beantworteten die Frage mit »Ja« und schoben gleichzeitig eine Begründung hinterher: »Hunde erkennen ihren Halter am Geruch.« Zugegeben, das haben wir auch vermutet. Aber die Versuchsergebnisse erzählen eine andere Geschichte.

Hundebesitzern, die bereit waren, an dem Experiment teilzunehmen, wurde ein Eimer über den Kopf gestülpt. Mein damaliger Hund Teddy und ich machten auch bei diesem Versuch mit. Teddy musste vor die Tür. Als der Hund wieder in den Raum zurückkehrte, hatte ich den Eimer über dem Kopf und bewegte mich auf allen vieren auf ihn zu. Zum Glück war Teddy angeleint. Er erkannte mich nämlich nicht. Er begriff nicht, wer sich unter dem Eimer verbarg. Aggressiv und aufgebracht bellte er das fremde Wesen an. Es hat nicht viel gefehlt, und er hätte mich gebissen. Viele Versuchsreihen ergaben immer dasselbe Resultat. Hunde erkennen eine vertraute Person nicht, wenn sie verändert aussieht. In ihren Reaktionen unterscheiden sich die Hunde jedoch: Furchtlose Hunde reagieren aggressiv, ängstliche Tiere weichen zurück. Der Geruch spielt vermutlich eine untergeordnete Rolle. Wir staunten, dass das Nasentier Hund in dieser Situation nicht seinen Geruchssinn zu Hilfe nahm. Wir erklärten uns das so: Die Körperhaltung und der Eimer sind für das Tier Störreize, die es nicht einordnen kann. Vermutlich wird der Geruch des Frauchens oder Herrchens in diesem Moment anders im Gehirn verarbeitet.

Mit Momo hoffe ich Zugang zum Denken und Fühlen von Hunden zu finden. Seine Erfahrungen sind auch für den Wissenschaftler in mir ein tägliches Abenteuer. Aber bevor wir zu ihm zurückkehren, hier noch ein weiteres Experiment. Wir wollten wissen, was ein Hund wahrnimmt, wenn er einen Artgenossen im Film beobachtet.

Virtual Reality

Zehn Hunde verschiedener Rassen haben ihren ersten Filmauftritt. Sie sind so nervös wie die Teilnehmer einer Casting-Show. Die Hunde werden einzeln gefilmt. Dieser jeweils kleine Film wird dann den einzelnen Hunden auf einer Leinwand in einem anderen Raum mittels Beamer präsentiert. Wichtig dabei ist, dass die Leinwand mit dem Boden abschließt und das Bild der realen Größe des Hundes entspricht.

Der erste Kandidat war Dusty, ein Jack Russell Terrier. Ihm spielten wir Filmaufnahmen eines Boston Terriers vor, der ruhig dastand und mit leicht angewinkeltem Kopf in den Raum schaute. Dusty betrat den Raum, stutzte und betrachtete die Leinwand. Es sah so aus, als ob die beiden Blickkontakt hätten. Plötzlich verbeugte sich Dusty mit nach vorn gestreckten Vorderbeinen und senkrecht durchgestreckten Hinterbeinen – die typische Spielhaltung (→ Gut zu wissen, Seite 18). Dusty forderte den Artgenossen im Film zum Spielen auf. Er rannte vor der Leinwand hin und her, so als ob er es mit einem leibhaftigen Gefährten zu tun hätte. Wir staunten nicht schlecht. Offenbar spielten Geruch und Stimme auch hier keine Rolle.

Gespannt warteten wir auf den nächsten Kandidaten. Es war Wisla, meine alte Bernhardiner-Dame. Sie trottete in den Raum, sah den Boston Terrier, würdigte ihn nur eines flüchtigen Blicks und legte sich entspannt vor die Leinwand. Was sie wahrgenommen hat, verrät ihr Verhalten nicht. Der dritte Kandidat reagierte wieder auf die Filmszene, als sei sie Realität. Für eine abschließende Aussage müsste man allerdings eine größere Anzahl Experimente durchführen.

Wie Hunde die Welt wahrnehmen und darauf reagieren, bleibt leider weitgehend rätselhaft. Es ist jedoch erstaunlich, dass sie winzige Details registrieren, obgleich sie Nasentiere sind. Kein Zweifel, die Hundenase ist ein leistungsfähiges Organ (→ Seite 131) und den Augen weit überlegen. Die Sehschärfe des Hundes erreicht nur die Hälfte unserer menschlichen Fähigkeiten. Allerdings sind Hunde uns beim Sehen in der Dämmerung überlegen.

Die Welt der Sinne und ihre Verarbeitung im Gehirn, auch die des Menschen, birgt immer noch viele Überraschungen und beschäftigt Forscher auf der ganzen Welt.

Der Mann, der mit den Fingern sieht

Uta Henschel, eine langjährige Freundin und Wissenschaftsjournalistin, hat in der Zeitschrift »GEO« in dem Artikel »Der Mann, der mit den Fingern sieht« auf verblüffende Sinnesleistungen hingewiesen (→ U. Henschel, Literatur, Seite 236). Als ich diesen Artikel las, war ich nur sprachlos. Sie beschreibt den seit seiner Kindheit blinden Evolutionsbiologen Geerat Vermeij. Er hat etwas erspürt, was alle seine Kollegen übersehen haben. Dank seiner tastenden Finger hat er Dinge an den Schalen von Meerestieren wahrgenommen, die seine Kollegen nicht entdeckt haben.

Nur mit den Fingerkuppen registrierte der Biologe winzige Riffeln, Rippen, Zähne und Verdickungen in den Kalkfestungen von Muscheln und Schnecken. Solche Umbauten im harten Gehäuse der Weichtiere interpretierte Vermeij als Beweise für eine Eskalation der Aufrüstung zwischen räuberisch jagenden Tieren und ihren potenziellen Opfern. Im marinen Wettrüsten vor rund 250 Millionen Jahren hätten Schalentiere immer wieder neue Rüstungen konstruiert, um ihr zartes Fleisch gegen den bedrohlichen Kraftzuwachs der Scheren und Kiefer ihrer zahllosen Angreifer zu verteidigen.

Vermeijs Kollegen erkennen die Verdienste des Blinden neidlos an. Ihre Begründung ist einleuchtend. Seine Einsichten sind unabhängig von den eingefleischten Vorurteilen unserer virtuellen Kultur, von den Bildern, die wir schon im Kopf haben, bevor wir sie sehen. Vermeijs tastende Untersuchungstechnik unterläuft die Missweisungen unserer optischen Filter. Weil seine Finger buchstäblich den Puls der Veränderung fühlen und dabei ganz eigene Erfahrungen machen, kommt Vermeij zu anderen Erkenntnissen, die uns Sehenden oft verborgen bleiben.

Wie sehr meine Freundin Uta von ihm beeindruckt war, hat mich berührt. Lassen wir sie zu Wort kommen: »Was das blinde Kind nicht sehen konnte – die Farben der Landschaft, Tiere, Straßen, Häuser, Autos, den hohen Himmel mit seinen wandernden Wolkengebirgen über den flachen Feldern –, beschrieben ihm die Eltern. Unablässig erzählten sie ihm, was sie beobachteten. Vermeijs Tastsinn schärft sich an der Vielfalt, die er erkundet. Am feinen Pelz auf dem Klee, den er mit den Fingern ertastete, an den gebogenen Rändern der Eichenblätter, an eingerollten Farnknospen, manchmal auch an Brennnesseln, an Moospolstern und Zapfen auf dem Waldboden oder an gesammelten Muscheln.«

Seine anderen Sinne haben sich durch diese Erfahrungen unglaublich herausgebildet. Als Kind will er das Raunen fallender Regentropfen gehört haben, ehe sie geräuschvoll aufschlugen und zerplatzten. Er konnte unterscheiden, ob der Wind durch Kiefernzweige oder nackte Kronen zischte. Am Echo der Laute in seiner Umgebung lernte er, sich zu orientieren, Menschen am Gang zu erkennen und aus Stimmen Stimmungen herauszuhören. Dazu kam eine unglaubliche Fähigkeit, Düfte zu analysieren.«

Uta schreibt: »Vermeijs Welt war nicht finster und hoffnungslos. In ihr blitzten und funkelten die Feuer anderer Reize und Signale des Lichtes und stachelten seine Neugier an.«

Er selbst sieht seine Blindheit nicht als Katastrophe. »Dass ich nicht sehen kann, ist nur eine meiner vielen Eigenschaften – wie meine Dickköpfigkeit, meine Ungeduld oder mein Interesse an Naturwissenschaften. Mir wäre es am liebsten, die Leute würden es einfach vergessen.« Vermeij und seine Eltern sind mir ein großes Vorbild. Die Eltern gaben ihrem Kind Lebensfreude und Mut, die Welt auf eigene Faust zu erkunden. Und

Ein Bad im Weiher. Daran wäre vor einigen Monaten nicht zu denken gewesen. Selbst ein kleiner Bach war Momo anfangs nicht geheuer.

was für den kleinen Vermeij zutrifft, sollte auch für Momo gelten. Beide leben sie in einer für uns fremden Welt. Beide müssen ihren Weg finden. Mein Ziel ist es, Momo auf diesem Weg behilflich zu sein. Ganz unbeschwert möchte ich vorgehen.

Ich habe keinen genauen Plan, jeden Tag aufs Neue werden wir vor Probleme gestellt. Das macht für ihn und für mich die Welt spannend. Sicher bin ich: Gift für Momos Entwicklung wäre, ihn mit Regeln und Geboten zu überschütten. Sylvia und ich sind uns einig. Momo soll die unbekannte Welt mit seinem Kopf untersuchen. Wir lassen ihm alle Freiheit. Es gibt keine Kommandos. Kein Nein. Aber viele Liebkosungen. Er soll spüren, dass wir ihn gernhaben und dass er an einem sicheren Ort lebt, an dem keine Gefahren auf ihn lauern. Erstes Gebot ist: Momo Sicherheit und Liebe zu schenken, damit er aus eigener Kraft Mut zum Leben fasst.

Die Freiburger Fluten – Momo entdeckt einen Bach

Momo hat in seinem bisherigen Leben sicher wenig erlebt. Jetzt ist er vier Wochen bei uns, und die Lufttemperaturen steigen. Kein Schnee mehr, mit dem er seinen Durst unterwegs stillen kann. Und wie alle meine Bernhardiner, bekommt Momo während des Spaziergangs Durst. Kein Problem, dachte ich, auf unserem Weg finden wir einige Bächlein. Beim ersten Bach wollte ich ihn trinken lassen und führte ihn einen kleinen Abhang hinunter. Er ging auch freiwillig mit. Was ich aber dann erlebte, habe ich in meinem Biologenleben noch nie erlebt. Momo sah neugierig das fließende Wasser an, ging darauf zu und stoppte. Er machte keinerlei Anstalten, den kleinen Bach zu betreten, geschweige denn, daraus zu trinken, obwohl er hechelte und vermutlich Durst hatte. Ich tauchte meine Hand ins Wasser und forderte ihn vergeblich auf zu trinken. Erst als ich ihm eine Handvoll Wasser anbot, schleckte er es aus meiner Hand. Ich dachte, der Bann sei gebrochen, aber dem war nicht so. Nach etwa 20 Minuten zogen wir weiter.

Beim Rückweg kamen wir erneut an dem Bach vorbei, und ich wollte Momo wieder trinken lassen. Aber er verhielt sich wie zwei Stunden zuvor. Er schaute das Wasser nur an und legte sich erschöpft auf dem Weg nieder. Den ganzen weiteren Rückweg ging mir sein Verhalten durch den Kopf. Zugegeben: Ich bekam auch ein wenig Angst, denn wenn ich es nicht schaffte, ihn zu überreden, aus einem Bach zu trinken, könnte ich unsere ausgedehnten Spaziergänge vergessen. Im Sommer sind nämlich die Temperaturen in Freiburg häufig hoch, und Wanderungen machen durstig.

Mit viel Geduld und dem regelmäßigen Besuch von mindestens zehn kleinen Bächen brachte ich ihn nach drei Wochen dazu, direkt aus dem Bach zu schlabbern. Leider übertrug er diese Erfahrung nicht auf alle Bäche. Auch heute noch, fast zwei Monate nach seiner Ankunft, nähert er sich einem fremden fließenden Gewässer vorsichtig. Meist siegen jedoch Durst und Neugier, und er trinkt schließlich daraus.

Als Nächstes steht auf dem Lehrplan, aus einem Weiher oder See zu trinken. Das wird dauern, aber ich bin überzeugt, wir schaffen das. Langsam wird Momos Angst vor allem Fremden kleiner. Geduld und Liebe sind gefragt.

Artgenossen sind inzwischen kein Thema mehr. Momo läuft zielbewusst auf sie zu, beschnuppert sie und spielt mit ihnen, wenn diese Lust dazu haben. Sylvia und ich sind immer bemüht, Momos Gefühle abzuschätzen, sie zu interpretieren und darauf Rücksicht zu nehmen.

Gefühle als Richtschnur unseres Handelns

Stellen Sie sich vor, Sie würden keine Gefühle haben. Weder schöne, wie Freude, Glück, Liebe, noch negative, wie Schmerzen, Trauer oder Hass. Mich schaudert es bei diesem Gedanken, aber das wäre ein Trugschluss, denn ich würde ja nichts empfinden. Gefühle sind kein Beiwerk oder Luxus der Evolution, sie sind ein mächtiges Instrument der Natur, mit dem sie Geschöpfe antreiben und steuern. Wenn es zum Beispiel darum geht, sich gegen andere zu behaupten oder durchzusetzen, oder wenn es darum geht, sich zu versöhnen oder zu beruhigen, und natürlich auch, wenn es um das weite Feld der Sexualität geht – alles wird von Lust auf Lust bestimmt. Ohne sie fehlt uns der Maßstab, nach dem wir unsere Entscheidungen im privaten wie im beruflichen Leben ausrichten.

Dies gilt selbst dann, wenn wir mit Zahlen und Fakten operieren. Mehr, als uns bewusst ist, setzen wir unseren Intellekt dabei als Werkzeug ein, um argumentativ zu begründen, was unsere Gefühle uns eingeben. Letztlich plädieren wir immer für Entscheidungen, die angenehme Gefühle versprechen. Ungute Gefühle versuchen wir zu vermeiden. Gefühle sind es, die unsere Kontakte zu Mitmenschen und Tieren bewerten, die Wahrnehmungen und Erinnerungen durchdringen und jedem Erlebnis Bedeutung verleihen. Unsere innere Welt versieht alles, was sie aufnimmt, mit einer völlig neuen Qualität, die es in der Außenwelt nicht gibt, mit einer emotionalen Tönung. Keiner kann sich diesen Gefühlen entziehen. Eine Welt ohne Gefühle ist kaum vorstellbar.

Und dennoch gibt es Menschen, die nahezu gefühllos sind. Teile ihres Gehirns, besonders das limbische System (→ Gut zu wissen, Seite 29), sind zerstört. Und was zeigen diese

Personen? Sie konnten Gefahren nicht mehr meiden, konnten kein Risiko mehr abschätzen, betrugen sich anderen Personen gegenüber rücksichtslos, und sie waren unfähig, aus den Konsequenzen ihres eigenen Verhaltens zu lernen. Überraschend war, dass diese Menschen ihr Fehlverhalten zwar beschreiben, aber nicht dementsprechend handeln konnten. Ihnen fehlt also nicht die Fähigkeit zur Einsicht, sondern die Fähigkeit, diese in die Tat umzusetzen.

Diese schlimme Erkrankung zeigt, wie wichtig Gefühle im Leben sind. Sie informieren den Körper bewusst oder unbewusst über seine innere Welt und helfen, Entscheidungen zu fällen, indem sie bestimmte Verhaltensweisen fördern oder behindern. Sie sind also Ratgeber unseres Handelns. Sie entstehen in einem Hirnteil mit dem Charakter einer Durchgangsstation, in der alle einlaufenden Sinneswahrnehmungen ihren Gefühlsausdruck bekommen. Hier wird das Bild von Marilyn Monroe anders bewertet als das unserer Mutter, Glockengeläute anders als Sirenengeheul, und hier bekommen unsere Schmerzen ihre unverwechselbare Empfindungsqualität.

Dieser Hirnteil ist besonders bei Gruppen und Rudeltieren, die sich untereinander verständigen, gut ausgebildet. Hunde sind Gesellschaftstiere mit reger Kommunikation.

Positive und negative Grundgefühle

Alle Menschen unterschiedlicher Kulturen besitzen ein angeborenes Set an Grundgefühlen, nämlich Furcht, Freude, Glück, Verachtung, Schmerz, Ekel, Neugierde, Hoffnung und Enttäuschung. Einige Forscher zählen ein paar mehr, andere ein paar weniger Grundgefühle dazu. Unser aktuelles Gefühlsleben besteht dann aus einer unendlichen Mischung dieser positiven und negativen Grundgefühle. Das Auftreten der Gefühle – der angenehmen und unangenehmen – ist sicherlich älter als die Entwicklung logischer Intelligenz. Aber trotz unseres Verstandes und unserer Fähigkeit zu Planspielen sind wir auf unsere Gefühle als Richtschnur angewiesen.

Erst recht brauchen Tiere, die ohne unsere intellektuellen Fähigkeiten auskommen müssen, die Instanz der Gefühle, die ihnen sagt, was sie zu tun haben. Wie will ein Tier, das in einer komplexen Umwelt lebt, in der Wildnis bestehen, wenn es keine Furcht empfindet, wenn es keine Risiken abschätzt oder keinen Schmerz spürt, um vor Fehlverhalten geschützt zu sein. Tieren Gefühle abzusprechen, macht daher für mich wenig Sinn, denn wie bei uns äußern sich ihre Gefühle nicht nur in Gesten und Lauten, sondern auch in messbaren Hormonkonzentrationen im Blut – der chemischen Spur der Gefühle.

GUT ZU WISSEN

Das limbische System

Das limbische System ist evolutionär gesehen ein sehr alter Teil des Gehirns. Es dient unter anderem der Verarbeitung und Steuerung von Emotionen und speichert Erinnerungen, die mit Emotionen verknüpft sind, als Teil des Gedächtnisses ab. Außerdem ist das limbische System auch an vitalen Funktionen wie etwa der Nahrungsaufnahme, Atmung, Verteidigung, Verdauung und dem Sexualverhalten beteiligt. Allerdings übernimmt das limbische System all diese Aufgaben nicht alleine, sondern arbeitet eng mit anderen Gehirnbereichen zusammen (→ Gut zu wissen, Seite 41).

Mensch und Hund erahnen die Gefühle des anderen. Sie leben in einer Art Gefühlssymbiose. Kein Tier auf diesem Planeten versteht die Gefühle des Menschen so gut wie der Hund. Das ist kein Zufall, sondern das Ergebnis eines jahrtausendelangen Zusammenlebens und der Zucht.

Der Mensch hat sich den Hund nach seinem Abbild geschaffen. Daher ist es kein Wunder, dass der Mensch durch kluges Handeln die Gefühle seines vierbeinigen Freundes beeinflussen kann. Zudem ist auch der Sitz der Gefühle, das limbische System, bei Hunden gut ausgebildet. Wer Tieren gerecht werden will, muss sie als empfindsame Geschöpfe mit ihren psychischen Bedürfnissen ernst nehmen.

Angst ist die Mutter der Vorsicht

Wer mit einem ängstlichen Lebewesen zusammenlebt, wie wir es im Augenblick tun, sollte sich immer die Biologie der Angst vergegenwärtigen. Angst ist die Mutter der Vorsicht. Sie gehört in unser Leben wie die Freude oder die Hoffnung.

Unter normalen Umständen geleitet uns Angst als universelles Warnsystem und Fluchtsignal durch das Leben. Allen Säugetieren, Vögeln und sogar wirbellosen Tieren ist sie auf den Leib geschrieben. Dutzende unterschiedliche Ausprägungen einer diffusen Befindlichkeit verbergen sich hinter der Angst – von Beklemmung bis Schrecken, von Sorge bis Grauen, von Furcht bis Entsetzen. Angst ist mehr als ein unliebsames Gefühl. Sie dient, wie schon erwähnt, als Warnsystem und ist eine Triebfeder der Evolution.

Vor dem Feind flüchtende Tiere gehen in vielen Fällen zum Gegenangriff gegen die Verfolger über, sobald eine kritische Distanz unterschritten wird. Dies kann erfolgen, wenn der Verfolger schneller wird als der Fliehende. Die Angst, verletzt oder getötet zu werden, ist der Motor dieses Angriffs. Ein sonst keineswegs aggressiver Hund kann ein Angstbeißer werden, wenn ihm etwa in einer überfüllten Straßenbahn ein Passant zu nahe kommt und er nicht ausweichen kann. Hier schlägt sein ursprüngliches Fluchtverhalten in Aggression um, sobald die Sinnesorgane melden: »Kritische Distanz überschritten.« Bei vielen in Gruppen lebenden Säugetieren und Vögeln löst der Angstschrei eines Tieres den kollektiven Angriff auf den Gruppenfeind aus.

Angst mobilisiert den gesamten Körper bei echter und falscher Gefahr. Während des Angstzustandes spielen sich viele Theaterstücke auf den Bühnen unseres Körpers ab. Der Hormoncocktail wird durchgeschüttelt. Acetylcholin und Noradrenalin bringen Atmung, Kreislauf, Muskulatur und Stoffwechsel auf Hochtouren. Das Herz pumpt mehr Blut in die Muskeln und deckt deren erhöhten Zucker- und Sauerstoffbedarf. Verdauungsorgane und Gehirn werden stattdessen schwächer durchblutet. Bei uns Menschen wird dann das Gesicht schreckensbleich.

Auch Tiere drücken ihre Angst in der Körperhaltung und im Mienenspiel aus. Bestes Beispiel dafür sind unsere Hunde. Die Signale sind eindeutig: geduckter Körper, krummer Rücken, gesenkter Kopf, schleichende Bewegung, eingekniffener Schwanz und das Vermeiden von Blickkontakt. Momo brauchte drei Tage, bis er den Kopf hochstreckte und uns direkt in die Augen sah. Sie können sich nicht vorstellen, wie glücklich ich war, als er uns mit erhobenem Haupt direkt in die Augen sah. Ich habe und hatte das Gefühl, dass ich an diesem Rad drehen kann. Rücksichtsvolles und einfühlsames Verhalten wirkt sich positiv auf Momo aus.

Die Kammern des Schreckens – in den Studierstuben der Angst

Angstforschung hat Konjunktur, und das zu Recht, denn ungefähr vier Prozent aller Menschen weltweit leiden im Laufe ihres Lebens an Angststörungen. Die Medizin hat also großes Interesse daran, Menschen mit zu heftigen Angststörungen zu heilen. Ein wirksames, unschädliches Medikament wird gesucht. Das ist ein weiter Weg. Der erste Schritt ist Grundlagenforschung. Wir müssen verstehen, welche Vorgänge im Körper eines Menschen oder Tieres vor sich gehen, wenn Angst auftritt, und ob diese Angst angeboren oder durch schreckliche Umweltereignisse hervorgerufen wird.

Die Gene (→ Gut zu wissen, Seite 54) bestimmen, ob wir blaue Augen haben, blond oder dunkelhaarig sind, dick oder schlank. Sie bestimmen den Bauplan unseres Körpers. Die winzigen molekularen Schalter, die wir von unseren Vorfahren auf den Weg bekommen haben und die in jeder Zelle sitzen, können uns gesund halten oder krank machen. Zahlreiche Gene sind es, die bei Menschen das Risiko für eine Angststörung erhöhen. Denn die Angst-Gene werden durch bestimmte Umweltfaktoren aktiv. Dieses Wissen ist relativ neu. Das ist das Forschungsgebiet von Professorin Katharina Domschke an der Uni Freiburg.

Heute wissen wir, dass Stress bei Menschen und Tieren – entsprechende Veranlagung vorausgesetzt – eine Panikstörung auslöst. Katharina Domschke drückt dies sehr bildlich und treffend aus: Die Angst-Gene schlafen gewissermaßen. Sie haben eine Art chemischer Schlafmütze aufgesetzt, die sie schützt. Die Wissenschaftler nennen diese Mütze »Methylierung«. Diese Mützen können aber abrutschen, wenn der Organismus in Stress kommt, wie zum Beispiel bei Trennung, To-

Momo hatte eine schwere Kindheit und Jugend. Umso mehr genießt er jetzt seine schöne neue Welt.

desfällen oder Rangpositionskämpfen und vielen mehr. Der Organismus gerät in Panik (→ K. Domschke, Literatur, Seite 235). Eine gute Nachricht kommt von der Forschungsfront:

Katharina Domschke hat mit ihrem Team herausgefunden, dass die Gene ihre Schlafmützen wieder aufsetzen können. Bei Patienten mit Panikstörungen konnten die Angst-Gene nach sechs Wochen Psychotherapie wieder methyliert werden.

Um zu erforschen, ob ein Verhalten, wie zum Beispiel die Angst, angeboren ist oder nicht, benötigt man Tiere mit genetisch gleicher Ausstattung. Mäuse sind für diese Art der Untersuchungen die idealen Tiere. Sie pflanzen sich rasch fort, und man kann genetisch identische Tiere züchten, die von ihrem Erbgut her das gleiche Angstpotenzial haben. Es ist sehr wichtig, sich klarzumachen, dass weder die genetischen Anteile der Ängstlichkeit noch die Umwelterfahrungen getrennt voneinander betrachtet werden dürfen: Nur ein Zusammenspiel beider ergibt das ganze Bild der Angst. Viele verschiedene Gene und eine Vielfalt von Umweltfaktoren können Einfluss darauf nehmen und das Endergebnis beeinflussen.

Gibt es Angst-Gene?

Woher weiß man aber, welche Gene überhaupt etwas mit der Emotion Angst zu tun haben? Wissenschaftler machen das wie Kinder mit ihrem Spielzeug: Um herauszufinden, was ein bestimmtes Gen macht, machen sie es kaputt und überprüfen dann, was nicht mehr funktioniert – in unserem Fall also, ob sich etwas an der Ängstlichkeit der Tiere ändert.

In der Fachsprache nennt man einen Mäusestamm, dem zu diesem Zweck ein Gen zerstört wurde, eine Knockout-Mutante. Es gibt viele verschiedene solcher Mauslinien in Bezug auf angstähnliches Verhalten. Eine der interessantesten und wichtigsten ist jedoch die sogenannte Serotonin-Transporter-Knockout-Mauslinie. Ihr fehlt ein Gen zum Rücktransport von

Serotonin – einem wichtigen Gehirnbotenstoff, der unter anderem Gefühlsreaktionen beeinflusst – in die Gehirnzellen. Also reift das Gehirn mit einem ständigen Überschuss an Serotonin zwischen den Zellen der Synapsen (→ Seite 54) heran.

Zeigt sich dabei nun ein Tier, das ein verändertes Angstverhalten zeigt, hat man den Beweis dafür, dass dieses Gen etwas mit der Ängstlichkeit zu tun haben muss. Und genau das war es, was man bei den Serotonin-Transporter-Knockout-Mäusen gefunden hat. Tiere, denen dieses Gen fehlt, verhalten sich deutlich ängstlicher als Tiere ohne den Defekt.

Besondere Brisanz erhält dieses Ergebnis durch einen ähnlichen Befund beim Menschen. Auch hier hat jeder Mensch unterschiedlich viel Serotonin im Gehirn zur Verfügung. Manche Menschen tragen in ihren Gehirnzellen eine Genvariante des Transporters, die wenig von diesem Transporter herstellt – sie reifen also auch mit einem Überschuss an Serotonin in den Zellzwischenräumen der Gehirnzellen heran. Andere dagegen tragen eine Version in sich, die mehr produziert. Wissenschaftler haben herausgefunden, dass Menschen mit einer weniger produktiven Genversion ein höheres Risiko haben, an Angststörungen zu erkranken. Serotonin ist also ein wichtiger Baustein im Puzzle der Angst.

Der Einfluss der Umwelt auf die Angst

Die Frage drängt sich auf, welchen Einfluss die Umwelt auf die Angst von Mensch und Tier hat. Professor Sachser von der Uni Münster und sein Team gingen dieser Frage nach.

Sie bildeten zwei Gruppen von Mäusen. Die eine Gruppe lebte in Standardkäfigen, wie sie in allen Labors der Welt verwendet werden, und die andere Gruppe lebte in Premiumkäfigen mit Klettergerüst, Röhren und anderem Spielzeug.

Beim entscheidenden Test, bei dem die Mäuse auf das Hochlabyrinth gesetzt wurden, reagierten sie unterschiedlich. Die im kargen Käfig ohne Erkundungsmöglichkeiten gehaltenen Mäuse interessierten sich kaum für die Beschäftigungsangebote im Gegensatz zu ihren Artgenossen. Diese waren ausgesprochen ängstlich – wie Momo.

Momo hat auch nach einem Jahr nicht alle Räume des Erdgeschosses unseres Hauses untersucht, obwohl er täglich mehrere Male daran vorbeiläuft und die Türen geöffnet sind. Einer der Räume war das Lieblingszimmer all meiner Hunde. Es riecht zweifelsfrei darin nach Hund. Alle Besuchshunde betreten neugierig den Raum und schnüffeln darin. Nicht Momo. Im Schneckentempo erkundete er sein neues Zuhause, und sein Erkundungsverhalten erinnert mich an die Mäuse, die in einer kargen Umwelt aufwuchsen. Es dauerte auch nahezu ein halbes Jahr, bis er alle Flecken unseres Gartens aufsuchte.

Das Fazit von Norbert Sachser aus weiteren Versuchen an anderen Säugetieren ist: Die Ängstlichkeit ist genetisch verankert, kann aber durch Sozialisationsprozesse in der Kindheit verändert werden. Das ist ein hochbrisantes Ergebnis.

So scheinen der frühe Kontakt zu anderen Artgenossen und eine reich strukturierte Umwelt wie beim Menschen soziale Sicherheit zu geben und die Ängstlichkeit im späteren Leben zu dämpfen. Und genau das ist es, was Momo in seinem bisherigen Leben gefehlt hat.

Momo hat Ähnliches erlitten wie sein menschlicher Leidensgenosse Kaspar Hauser, der viele Jahre in seiner Kindheit einsam in einer Höhle lebte und lediglich mit Nahrung versorgt wurde. Er hatte keinen Kontakt mit anderen Menschen. Über ihn berichte ich noch ausführlicher im nächsten Kapitel (→ ab Seite 59).

Die Forscher Michael Renner und Michael Rosenzweig machten schon in den 1980er-Jahren eine aufschlussreiche Beobachtung. Sie entdeckten, dass sich zwischen Versuchstieren, die in einer kognitiv stimulierenden Umwelt leben, und Tieren, die in einer kognitiv armen, also kargen Umwelt leben, die Verschaltungen der Nervenzellen unterscheiden.

Zahlreiche neuroanatomische Parameter wie die Schaltneuronen, der Verzweigungsreichtum von Nervenzellen sowie die Dichte der Synapsen entwickelten sich bei jenen Tieren, die in einer reichen Umwelt lebten, stärker als bei denjenigen in einer kargen Umgebung. Auch bei Labyrinth-Versuchen, in denen das Gedächtnis gefordert wird, schnitten Nager mit abwechslungsreichen Kinderzimmern besser ab. Dies ist ein schönes Beispiel dafür, wie die Umwelt auf die Genregulation einwirkt. Denn wie viele Synapsen gebildet und wie diese verschaltet werden, hängt von der Genaktivität der Nervenzellen im Gehirn ab.

Vierzig Jahre Angst

Angst kann einen Menschen oder ein Tier fast ein ganzes Leben begleiten. Ich selbst habe es am eigenen Körper erfahren. Als kleiner Junge erkrankte ich an Diphtherie. Das ist eine bakterielle Erkrankung, bei der eine schmerzhafte Anschwellung des Halses auftritt. Durch die Verengung der Atemwege kann es zu Atemnot und Erstickungsanfällten kommen, und nicht selten verlief diese Erkrankung früher tödlich. Heutzutage gibt es glücklicherweise eine wirksame Impfung gegen Diphterie.
Als mich meine Eltern in eine Freiburger Klinik brachten war ich schon blau angelaufen und hatte heftige Atembeschwerden. Die Ärzte sahen nur eine Möglichkeit, um mich vor dem Ersticken zu retten. Sie mussten einen Luftröhrenschnitt

durchführen. Zu dieser Zeit, es war kurz nach dem Krieg, hatten sie jedoch keine Narkosemittel zur Verfügung.

Ich überstand den Eingriff und war ein fröhliches Kind. Bis ich etwa sieben Jahre später mit meiner Mutter zum Zahnarzt ging. Ich sah den Zahnarzt und seine Helferin in ihren weißen Kitteln, und sofort tauchte in meiner Erinnerung das Bild auf, wie mich meine Mutter der Krankenschwester übergab, als ich an der Luftröhre operiert wurde. Ich weinte, schluchzte, schrie und befreite mich aus den Armen der Zahnarzthelferin. Nichts konnte mich halten. Meine Mutter verstand die Situation, nahm mich in die Arme und redete beruhigend auf mich ein. Wir verließen umgehend die Arztpraxis, und die nächsten Jahre sah ich keinen Arzt mehr in einem weißen Kittel.

Das Trauma meiner Jugend

Ich hatte ein Trauma. Doch nicht nur die weißen Kittel, sondern auch enge, lang gezogene Höhlen und Räume erzeugten eine starke Angst in mir. Stets hatte ich das Gefühl, nicht genügend Luft zu bekommen, ähnlich wie bei der Diphtherie. Über 40 Jahre lebte ich mit dieser Angst. Heute bin ich befreit. Der Zufall half mir, mich aus diesem Gefängnis zu befreien.

Ich tauche gern und habe große Freude, die Unterwasserwelt zu erleben. Bei meiner Tauchausbildung sollten wir einen langen Unterwassertunnel entlangtauchen, um auf eine kleine Insel zu gelangen. Der Tunnel war so eng, dass man darin nicht umkehren konnte. Zwei Tage überlegte ich hin und her, ob ich es wagen sollte. Allein der Gedanke an die Röhre erzeugte in mir Angst, aber keine Panik. Ich nahm den Kampf gegen meine Angst auf und siegte. Als Belohnung für meinen Mut konnte ich nun endlich in die farbige Welt des Korallenriffs abtauchen. Seitdem habe ich vor solch engen Röhren keine Angst mehr. Die Erinnerung ist zwar noch da, aber das Gefühl der Angst siegt nicht mehr. Vielleicht gehöre ich zu den Menschen, die Angst leichter verlernen als andere.

Die Bewältigung der Angst

Neuere Ergebnisse der Wissenschaft deuten darauf hin, dass die Bewältigung der Angst von einer bestimmten Genvariante (Mutation) abhängig ist. Auch, wie stark man Angst empfindet und wie schnell man mit ihr fertig wird. Ich glaube, mein eigener Kampf gegen die Angst macht es mir leichter, mich in Momos Angstwelt zu versetzen.

Inzwischen lässt sich mithilfe der Neurobiologie immer detaillierter nachvollziehen, wie die Angst sprichwörtlich in die Glieder fährt und jemandem die Sprache verschlägt, wie sie sich in die Nervenbahnen eingräbt und vom Leben eines Tieres oder Menschen Besitz ergreift.

Innerhalb von Millisekunden reagiert der Organismus auf akute Lebensgefahr. Mehrere Studien belegen, dass die Angstreaktion schon stattfindet, bevor der auslösende Reiz – beispielsweise eine Schlange oder eine Spinne – bewusst wahrgenommen wird. Diese schnelle Reaktion findet in Hirnregionen statt, die unserem Bewusstsein nicht zugänglich sind. Die Sinneseindrücke werden vom Thalamus (→ Gut zu wissen, Seite 41), einer Art Relaisstation im Gehirn, als grobes Bild der Außenwelt auf schnellstem Wege an die Amygdala weitergeleitet (→ Gut zu wissen, Seite 41). Dieses entwicklungsgeschichtlich uralte, nur erbsengroße Nervenbündel findet sich, wie die meisten Hirnstrukturen, sowohl in der rechten wie in der linken Gehirnhälfte. Es ist das Zentralorgan der Angst. Nach einer in Jahrmillionen bewährten Art urteilt die Amygdala über alle eintreffenden Informationen rein emotional und schlägt Alarm, ohne die Einschätzung des jüngeren Bewusstseins abzuwarten.

Ein klassisches Experiment verdeutlicht dies: Kinder entwickeln vor Gegenständen Angst, wenn kurz vor deren Darbietung ein unangenehmes Geräusch ertönt. Das Erschrecken vor dem Laut heftet sich gewissermaßen an den harmlosen Gegenstand. Angst kann demnach eine Art erlernter Reflex sein, der unter natürlichen Bedingungen auf die Flucht oder den Kampf vorbereitet, ohne dass unser Bewusstsein eingeschaltet werden muss. Die bewusste Verarbeitung trägt also wenig zur Aktivierung der Angst bei. Vielmehr interpretiert sie die Erfahrung und gibt ihr einen Sinn. Bei ängstlichen Menschen ist der Schaltkreis der Angst hypersensibel, wahrscheinlich sowohl aufgrund einer genetisch bedingten Anfälligkeit als auch aufgrund schlechter Erfahrung.

Kann Angst gelöscht werden?

Nun stellt sich die Frage: Kann man ein Tier aus seinem Angstgefängnis befreien? Ich selbst hatte es geschafft, warum sollte mir dies nicht auch bei Momo gelingen. Ermunternd sind Versuche des Neurobiologen Joseph LeDoux. Er fragte sich, ob Angsterfahrungen gelöscht werden können. Er hat Ratten mithilfe von Stromstößen darauf konditioniert, Angst vor einem bestimmten Ton zu haben. Weil sie sich beim Hören dieses Tons an die schmerzhafte Behandlung erinnerten, erstarrten die Nager bald auch vor Schreck, wenn sie nur den Ton hörten.

Der Forscher schaffte etwas Erstaunliches. Er befreite die Ratten von ihrer Angst. Zu diesem Zweck spielte er den Tieren erneut den angstauslösenden Ton vor und spritzte ihnen anschließend eine Art Gedächtnisblocker – einen Stoff, der die Produktion bestimmter Eiweiße im Gehirn hemmt. Die Angst der Ratten vor diesem Geräusch verschwand. LeDoux' Versuche helfen uns, die Angst besser zu verstehen.

Während lebensbedrohliche Angst die Arbeit der höher entwickelten Hirnstrukturen behindert, steigert sie offensichtlich für eine gewisse Zeit die Erinnerung der Amygdala. Da ihre Eindrücke jedoch nur sehr grob sind, werden sie schnell

GUT ZU WISSEN

Amygdala, Thalamus, Hippocampus

Amygdala: Sie spielt bei der emotionalen Bewertung und Wiedererkennung einer Situation und der Analyse möglicher Gefahren eine große Rolle. Bei Schädigung oder Entfernen der Amygdala, die auch Mandelkern genannt wird, entsteht bei Mensch und Tier nicht mehr das Gefühl der Angst.

Thalamus: Im Gegensatz zum Geruchssinn werden akustische und optische Eindrücke zuerst zum Thalamus, dem größten Teil des Zwischenhirns, geleitet. Es ist eine Art Kontrollzentrum oder Filter im Gehirn. Hier findet eine gewisse Auswahl statt, was wichtig oder unwichtig für den Körper ist. Der Thalamus wird auch als »Tor zum Bewusstsein« bezeichnet.

Hippocampus: Er ist die Schaltstelle zwischen Kurzzeit- und Langzeitgedächtnis. Hier werden – je nach Bedeutung – Inhalte aus dem Kurzzeitgedächtnis in das Langzeitgedächnis übernommen, wo sie gespeichert werden und nach Bedarf wieder abgerufen werden können.

verallgemeinert. Die Amygdala weiß also nicht so genau zu unterscheiden, ob der verursachte Lärm von einem Auto oder einer Person stammt.

»Wenn Reize, die während des ursprünglichen Traumas vorhanden waren, später wieder auftreten, kann jedes System im Gehirn seine Erinnerung aufrufen. Bei der Amygdala führt das zu körperlichen Reaktionen, beim Hippocampus (→ Gut zu wissen, Seite 41) zu einer bewussten Erinnerung.« (→ J. LeDoux, Literatur, Seite 236). Bei meiner Angst tauchten die Luftnot und die Erinnerung an den Luftröhrenschnitt direkt wieder auf, sobald ich den weißen Kittel einer Ärztin sah.

Nicht immer versteht die Hirnrinde dabei die Ursache für die aufwallende Angst, wenn nämlich der Hippocampus keine entsprechende Erlebnis-Sequenz speichern konnte. Wir wissen heute, dass unser Gedächtnis aus einem Netzwerk von Informationen besteht. Es reicht daher oftmals ein einfacher Reiz aus, um in uns die Angst zu wecken. Ein Geräusch, ein Geruch reicht, um den inneren Film wieder ablaufen zu lassen. In meinem geschilderten Fall war es die Kleidung von Schwestern und Ärzten. In Momos Fall löst eine bestimmte Hand- und Armhaltung Angst aus. Es ist die Körperhaltung, die Menschen oft einnehmen, wenn sie Hunde schlagen. Vielleicht wurde Momo häufig geschlagen. Viele Reize, die bei ihm Angst auslösen, sind mir aber noch immer unbekannt.

Gefangen im eigenen Kopf – wenn das Gedächtnis zur Falle wird

Momos Gedächtnis muss von der Angst befreit werden. Aber das ist leichter gesagt als getan, denn die Fähigkeit, sich zu erinnern, ist für Mensch und Tier überlebenswichtig. Erst unser

Wonach riecht das? Momo schnuppert intensiv an allem, was ihm begegnet. So viele neue Eindrücke!

Gedächtnis kittet die einzelnen Momente des Erlebens zu einer Einheit zusammen, aus der heraus wir uns als Individuum wahrnehmen. Bereits für die einfachste Form des Lernens ist ein Gedächtnis vonnöten, sonst würde man immer gleich reagieren. Umgekehrt führt der Verlust des Gedächtnisses zum Verlust unserer Persönlichkeit und der Möglichkeit, mit anderen zu kommunizieren. Das gilt für Menschen und Tiere.

Der Neurowissenschaftler und Nobelpreisträger Eric Kandel, bringt es auf den Punkt. Der Schlüssel zur Gedächtnisfähigkeit besteht darin, dass die Verbindungen der Nervenzellen, die Synapsen, plastisch sind. Sie können sich unter dem Einfluss von Erfahrung ändern. Kandel fährt fort: »Das Gehirn unterliegt ständiger Veränderung. Und das führt wiederum zu der interessanten Feststellung, dass jedes Individuum ein – anatomisch gesehen – einzigartiges Gehirn hat, weil es durch Erfahrungen und Ergebnisse geformt wurde. Selbst zwei identische Zwillinge, die alle Gene teilen, haben unterschiedliche Gehirne. Das gilt in gleichem Maße auch für Tiere«. (→ E. Kandel, Literatur, Seite 236)

Erinnerungen lassen sich verändern

Das Gedächtnis ist, anders, als lange Zeit angenommen, kein starres, unveränderliches Erinnerungsprogramm. Gedächtnisinhalte werden regelmäßig reaktiviert und auf ihre aktuelle Erfahrung und Bedeutung hin überprüft, bevor sie erneut gespeichert werden. Während dieses »Updates«, das Wissenschaftler Rekonsolidierungsphase nennen, lassen sich Erinnerungen verändern. Auch die der Angst, das haben Elizabeth Phleps und ihre Mitarbeiter von der New Yorker University gezeigt (→ E. Phleps, Literatur, Seite 237). Ihre Versuche und Ergebnisse ähneln denen von LeDoux – nur, dass die Probanden keine Ratten, sondern Menschen waren. Genau so weit möchte ich mit Momo kommen. Momo soll lernen, seine Angst mit etwas Positivem und Schönem zu verbinden. Ich erzähle Ihnen dazu eine der vielen Geschichten, die ich mit Momo erlebe.

Vom Wohnzimmer unseres Hauses aus kann man durch eine Glastür in den Garten gehen, was für Momo kein Problem darstellte. Das tat er von Anfang an. Er ging mindestens 80- bis 100-mal durch die Tür in den Garten. Eines Tages ging ich wie immer durch die Tür. Aber Momo folgte mir nicht. Ich rief ihn. Doch sein ganzer Körper war verspannt, sein Kopf seitlich gedreht, sein Verhalten und seine ganze Körperhaltung verrieten, dass er Angst hatte. Ich ging auf ihn zu und streichelte ihn. Erfolglos! Was tun?

Nach einigen vergeblichen Versuchen, ihn durch Leckerlis oder Liebkosungen durch die Tür zu locken, griff ich zum letzten Mittel. Ich nahm Momo an die Leine. In der einen Hand hielt ich die Leine, mit der anderen streichelte ich ihn. Ohne zu zögern, gingen wir ins Freie, als wenn nichts gewesen wäre. Er hat also festgestellt, dass ihm nichts passieren kann. Und dennoch hat er sich am gleichen Tag erneut geweigert, freiwillig durch die Tür zu gehen. Seine Angst hat er nicht verloren. Auch nach zwei Wochen muss ich ihn immer noch ermutigen, auf diesem Weg in den Garten zu treten. Die Angst vor dem Ungeheuer Tür dauerte mehr als sechs Wochen und ist bis auf den heutigen Tag nicht vollständig verschwunden. Wenn er mit dem halben Körper im Freien ist, beginnt er zu beschleunigen und rennt kopflos hinaus. Was immer er erlebt hat: Ich weiß es leider nicht.

Mein Wunsch ist es, seine Angst aus dem Gedächtnisspeicher zu löschen und neue positive neuronale Verknüpfungen zu ermöglichen. Ich weiß, das ist nicht leicht. Hunde, die an unseren Versuchen teilgenommen hatten, wussten noch nach 12 Monaten den Versuchsablauf bis ins Detail. Sie starteten den Versuch mit der gleichen Präzision, als wenn es gestern gewesen wäre. Auch das Ergebnis entsprach fast genau dem von vor einem Jahr.

Und dennoch glaube ich, dass wir eine Chance haben, Momo von seiner Angst zu befreien, denn er lernt leicht und reagiert lange nicht mehr so ängstlich auf bestimmte Situationen wie vor einem halben Jahr. Ich bin erstaunt, wie schnell er die Regeln und Gewohnheiten von Sylvia und mir verstanden hat. Seine Lernfähigkeit macht das Zusammenleben einfacher. Auch wenn er unsere Sprache nicht spricht, hat er gelernt, was wir meinen.

Manchmal jedoch scheitern wir an seiner Starrköpfigkeit, wenn er bestimmten Aufforderungen nicht folgen mag. Jeden Abend nach unserem Abendbrot das gleiche Muster: Momo will sich nicht hinlegen, selbst wenn er schon gefüttert wurde. Erst nach vielen »Platz«-Aufforderungen schafft er es, sich hinzulegen. Vielleicht erwartet er noch einen Spaziergang. Die Erinnerung an unseren Tagesausflug spukt ihm womöglich noch im Kopf herum. Aber er ist rücksichtsvoll. Das Gedächtnis der Tiere hat mich schon immer interessiert, und ich kam jedes Mal ins Staunen, wie gut das Gedächtnis meiner Wellensittiche und Nymphensittiche arbeitete. Mein Nymphensittich Buddy, mit dem ich jahrelang zusammenlebte, konnte sich an seinen früheren Halter Conny auch noch nach sechs Jahren genau erinnern. Als er ihn sah, pfiff er zusammen mit ihm sein altes Lied. Conny machte dabei Fehler, nicht aber Buddy.

Tiger, Elefant & Co. – Wer hat das beste Gedächtnis?

Ich weiß nicht, ob Biologen diese Frage beantworten können. Aber ich konnte Forschern über die Schultern schauen. Ich war zu Gast bei Nicola Clayton in Cambridge. Sie forscht an Buschhähern, einer Vogelart aus Florida, und testet, ob die Vögel ein episodisches Gedächtnis haben. Als episodisches Gedächtnis wird ein Teil des Langzeitgedächtnisses bezeichnet.

Buschhäher vergraben ihre Nahrung im Herbst, um diese im Winter oder Frühjahr als zusätzliche Futterquelle nutzen zu können. So kommt es vor, dass im Laufe eines Herbsts ein Buschhäher sein Futter für den Winter an bis zu 10.000 Stellen versteckt, welche er wiederfinden muss, was ihm auch gelingt. Buschhäher haben ein ausgezeichnetes Gedächtnis, und ihnen unterlaufen beim Verstecken und Wiederfinden außerordentlich wenige Fehler.

Nicola Clayton fand heraus, dass sich die Vögel über Monate merken können, wo sie das Futter versteckt haben. Gleichzeitig konnte sie zeigen, dass diese Fähigkeit mit einer Vergrößerung des Hippocampus einhergeht. Der Hippocampus im Säugetiergehirn gehört funktionell zum limbischen System

(→ Seite 29 und 41). Er spielt eine wichtige Rolle beim Lernen und der Gedächtnisbildung. Wenn die Buschhäher die Möglichkeit bekommen, Futter zu verstecken, vergrößert sich ihr Hippocampus. Wird ihnen allerdings im Labor diese Möglichkeit genommen, atrophiert der Hippocampus, das heißt, er verliert an Volumen. Nicola Clayton konnte aber nicht nur zeigen, welch unglaubliches Gedächtnis diese Vögel haben, sondern auch, dass die Buschhäher beim Verstecken geschickte Strategien anwenden.

Die Vögel lassen keine Gelegenheit aus, die Futterspeicher ihrer Artgenossen auszuräubern. Beim Vergraben achten die Vögel peinlich genau darauf, dass ihnen niemand zuschaut. Während meines Besuchs hatten die Vögel keine Chance für Heimlichkeiten. Immer wurden sie von einem Artgenossen beobachtet. Bis man eine undurchsichtige Trennwand in den Käfig zog und der Artgenosse nichts mehr sehen konnte.

Das Ergebnis war verblüffend: Manche Vögel gruben ihr Futter wieder aus und versteckten es anderswo, andere taten nichts. Was war geschehen? Nicola Clayton klärte mich auf. Diejenigen Vögel, die den Futterspeicher erneut versteckten, haben schon anderen Futter gestohlen. Ehrliche Vögel dagegen, die noch nie Nahrung gestohlen hatten, vertrauten dem Zuschauer. Die Schlussfolgerungen von Nicola Clayton sind einleuchtend: »Ein Vogel, der stiehlt, traut einem anderen die Missetat zu. Er kann sich offenbar in den Artgenossen hineinversetzen und traut ihm den Diebstahl zu.« (→ N. Clayton, Literatur, Seite 235). Anders ausgedrückt: Diebe haben die Fähigkeit, Erinnerungen an vergangene Erfahrungen für ihre Zukunftsplanung zu nutzen. Diese Fähigkeit hatte man nur Menschenaffen zugetraut. Mit ihren Buschhähern ist Nicola Clayton auf eine wissenschaftliche Goldader gestoßen. Diese

Oft frage ich mich, was gerade in Momo vorgeht. Wird es mir gelingen, dass er seine schlimmen Erinnerungen vergisst?

Vögel sind auch fähig, auf eine mentale Zeitreise zu gehen. Nicola Clayton erklärte mir: »Wir lassen die Tiere leicht verderbliche Mottenlarven verstecken, die sie gerne mögen, sowie schwer verderbliche Erdnüsse.«

Stellt man die Tiere nach vier Stunden vor die Wahl, Erdnüsse oder Motten zu fressen, bevorzugen sie die Motten, nach 24 Stunden wählen sie vor allem die Erdnüsse. Sie wissen, dass die Mottenlarven verdorben und nur noch die Erdnüsse genießbar sind. Die Nüsse vergraben sie auch, wenn sie sich auf eine längere Hungerperiode einstellen müssen. Für Nicola Clayton ist klar: »Vögel erinnern sich an das Was, das Wo und Wann von Ereignissen in der Vergangenheit und interpretieren sie für die Zukunft.«

Bei menschlichen Kindern entwickelt sich diese Fertigkeit erst ab einem Alter von vier Jahren. Buschhäher demonstrieren uns eindrücklich, wie Tiere mit der Vergangenheit und Zukunft interagieren und welch wichtige Rolle das Gedächtnis in der Evolution hat.

Im Gedächtnistest übertrumpft ein Schimpanse sogar Studenten

Fernsehkanäle und Zeitungen in der ganzen Welt berichteten von den Gedächtnisleistungen der Schimpansin Ayuma. Sie schlug in einem Test sogar Studenten der Universität Kyoto. Ob Momo mit dem Gedächtnis der Schimpansen-Dame Ayuma mithalten kann, bezweifle ich. Dennoch überrascht er mich häufig. Waldwege, die ich vor Wochen mit ihm entlangspazierte, erkennt er sofort wieder. Er wählt bei jeder Abzweigung den richtigen Weg. Er läuft so zielstrebig, als ob wir den Weg schon häufig genommen hätten. Auch im sonstigen Alltag erinnert er sich, wie das Tagesgeschehen üblicherweise abläuft. Jeden Tag demonstriert er mir durch sein Verhalten, dass er weiß, was ihn als Nächstes erwartet. So läuft er zum Beispiel schon eine halbe Stunde vor jedem Spaziergang vor der Tür hin und her und jault.

Im Zoo von Kyoto habe ich die Gedächtnis-Akrobatin, die Schimpansen-Dame Ayuma, besucht. Ehrfürchtig stand ich vor ihr. Professor Tetsuro Matsuzawa und sein Team untersuchten das Gedächtnis von Menschenaffen (→ T. Matsuzawa, Literatur, Seite 236). Die Schimpansen werden dressiert, auf einem Computer per Touchscreen zu drücken. Auf dem Computer erscheint für einen kurzen Augenblick eine Abfolge von Zahlen in Quadraten, die dann wieder verschwindet. In einem Quadrat steht beispielsweise die Zahl 7, in einem anderen die Zahl 9. Nach einem kurzen Augenblick erscheinen nur die leeren Quadrate, und die Aufgabe der Schimpansen besteht darin, nach Aufleuchten der leeren Quadrate die richtige Reihenfolge der zuvor gesehenen Zahlen zu drücken.

Die Schimpansin Ayuma musste fünf Zahlen zwischen 1 und 9 in die richtige Reihenfolge bringen. Auf dem Bildschirm erschienen willkürlich verteilt Quadrate mit Zahlen: ein Quadrat rechts oben mit der Zahl 8, ein Quadrat mittig mit der Zahl 3 und die anderen drei Quadrate mit jeweils einer Zahl mehr rechts unten. Nach 0,21 Sekunden verschwand das Bild, und die nun leeren Quadrate erschienen wieder. Für Ayuma kein Problem! Ohne zu zögern, tippte sie auf die richtigen Quadrate. Sie hatte sich in dieser kurzen Zeit gemerkt, dass rechts oben das Quadrat mit der Zahl 8 war, und so weiter.

In Bruchteilen von Sekunden merkte sich die Schimpansin die Reihenfolge und die Zahlen. Ihre Trefferquote lag bei 80 Prozent, die von japanischen Studenten bei 40 Prozent. Eindeutig war Ayuma besser als die Studenten. Das war eine Sensation und lässt uns aufhorchen, wie wenig wir vom Potenzial der Tiere wissen. Auch von unseren Hunden ...

Schmerz lass nach!

Das denke ich oft, wenn ich mit Momo spazieren gehe und auf sein linkes nachschleppendes Hinterbein schaue. Glücklicherweise zieht er es nicht immer nach, sondern nur ab und zu. Laut Aussage meines Tierarztes ist vielleicht die Wirbelsäule leicht verletzt. Woher die Verletzung stammt, wissen wir nicht. Von einer Behandlung rät der Tierarzt ab.

Zumindest bei Säugetieren ist das gesamte Schmerzsystem dem unseren sehr ähnlich – angefangen bei den Schmerzrezeptoren, die den Reiz über Schmerznerven ins Rückenmark leiten und von dort weiter in die höheren Gehirnzentren einschließlich des limbischen Systems (→ Seite 29). Hinzu kommt, dass dieser konstruktiven Ähnlichkeit zwischen Menschen und Säugetieren eine oft verblüffende Ähnlichkeit im Ausdrucksverhalten entspricht.

Ein Fußballspieler fasst sich an das getretene Schienbein und hinkt vom Platz. Ein Hund leckt sich die verletzte Pfote und humpelt davon. Warum sollte er das tun, wenn er nichts spürte? Und wie kommt es, dass der Hund auf Schmerzmittel ganz ähnlich reagiert wie wir Menschen? All das spricht dafür, dass der Hund seine Verletzung bewusst und schmerzhaft erlebt und dass er versucht, diesen Schmerz abzustellen. Als erste Sofortmaßnahme ist hier sicher ebenfalls unbewusste und schnelle Automatik, wie etwa eine Reflexreaktion, beteiligt. Dann diktiert das Schmerzgefühl das Geschehen und die Handlung und meldet klar: Achtung, Körperschaden!

Über diese Alarmfunktion hinaus sind Schmerz und Angst vor allem aber ein Instrument zur Vorbeugung. Wer sich einmal verbrannt hat, lässt in Zukunft die Finger von der Herdplatte. Nichts ist geeigneter, solche voraussehende Vorsicht zu fördern, als ein extrem unangenehmes Gefühlserlebnis – eben Schmerz. Ein genial einfaches Konzept. Warum sollte die Natur es nicht-menschlichen Lebewesen vorenthalten? Dies anzunehmen, wäre eine besonders extreme Form des menschlichen Mittelpunktwahns. Allerdings: Wie sich dieser Schmerz für ein Tier anfühlt, ist nicht zu beantworten. Dennoch dürfen wir unserem naiven Tierverständnis trauen, wenn es uns sagt, dass ein geprügelter Hund vor Schmerzen jault. Unser Verständnis ist nur ein weiteres Zeichen, dass wir die Grundkonstruktion unseres Schmerzapparates mit anderen Säugetieren teilen, wie auch die Gefühle, die wir bei Schmerzen empfinden.

Angeborenes oder erlerntes Verhalten?

Es vergeht kaum ein Tag, an dem ich mir diese Frage nicht stelle. Momo überrascht mich immer wieder. Kein einziger meiner

Hunde hat so viel unterschiedliche Lautäußerungen von sich gegeben wie er. Er kommentiert manchmal sein Verhalten durch unterschiedliche Töne. Ich habe den Eindruck, er drückt einen Teil seiner Gefühle durch Töne aus. Er jault leise, wenn wir im Aufbruch sind, spazieren zu gehen. Ähnlich klingende Geräusche äußert er während des Spaziergangs, wenn er sich – wie ich glaube – sehr wohlfühlt.

Die Wissenschaft hat einen großen Fortschritt gemacht. Wir verstehen in Grundzügen, wie sich ein Verhalten entwickelt. Es ist von seiner genetischen Information, die in der DNS (→ Gut zu wissen, Seite 54) festgeschrieben ist, und von Umwelteinflüssen abhängig. Die Entwicklung von Verhaltensweisen ist ein gutes Beispiel für einen interaktiven Prozess, in dem genetische Informationen mit äußeren Bedingungen interagieren, um den Organismus mit Eigenschaften und Fähigkeiten auszustatten. Frühe Entwicklungsstadien sind gekennzeichnet durch eine große Umweltoffenheit des Organismus, der über Sinnesorgane erste Umwelteindrücke wahrnimmt. Sie bauen gemeinsam mit genetisch vorgegebenen Informationen einen Bestand von Verhaltensweisen auf, der für das weitere Leben erforderlich ist.

Bei Tieren sind die artspezifischen, aber auch die individuellen Besonderheiten der frühen Verhaltensentwicklung jeweils direkte Anpassungen an die Lebensbedingungen der betreffenden Art beziehungsweise des betreffenden Individuums. Die Frühentwicklung des Verhaltens, besonders bei sozial lebenden Arten, ist Gegenstand intensiver Forschung. Auch die Entwicklung menschlicher Verhaltensweisen ist gründlich erforscht worden. Besonders verdient auf diesem Gebiet hat sich mein früherer und hochgeschätzter Lehrer Professor Bernhard Hassenstein gemacht, der mir die Tür in die Wissenschaft geöffnet hat. In Zusammenarbeit mit Medizinern und Verhaltensforschern wurden wichtige Erkenntnisse, etwa über die Entwicklung von Säuglingen, gewonnen, die man dann in der Praxis umsetzte.

Ein Beispiel dazu: Eine Schülerin von Professor Hassenstein, Evelin Kirkilionis, untersuchte, welche Auswirkung das Tragen des Kindes von der Mutter auf den Säugling hat. Sie fand heraus: Es wirkt sich in verschiedener Weise positiv auf den Säugling aus. Bewegt werden vermittelt dem Kind die Anwesenheit einer Betreuungsperson. Zudem gewährt man ihm einen engen Körperkontakt. (→ E. Kirkilionis, Literatur, Seite 236). Nach den Beobachtungen des Schweizer Mediziners Hans Hunzinger weinen Säuglinge, die etwa vier Stunden getragen wurden, ab der dritten Lebenswoche auffallend weniger. Auch in Kulturen, in denen die Kinder häufig getragen werden, ist bekannt, dass die Säuglinge ruhiger sind und auch seltener weinen.

Wir halten also fest: Die normalen Körperstrukturen und Funktionen eines Tieres und eben auch seine angeborenen Verhaltensweisen entwickeln sich aufgrund des im Genom (→ Gut zu wissen, Seite 54) vorliegenden Programms. Die Entwicklung verläuft normal, wenn passende Umweltbedingungen vorhanden sind, und auch, wenn die sich entwickelnden Eigenschaften miteinander harmonieren. Erbgut und Umwelt wirken bei der Realisierung der Merkmale zusammen. So werden manche Gene bei gewissen Umweltbedingungen aktiviert oder eben nicht.

Angeborene Verhaltensweisen dagegen sind solche, deren Anpassung an die Umwelt evolutionären Ursprungs sind und nicht auf individuellem Lernen beruhen. Die Anpassung einer angeborenen Verhaltensweise ist in den Genen vorgegeben.

GUT ZU WISSEN

Gene, DNA/DNS, Mutationen, Synapsen, Neurotransmitter

Gene: Sie sind Abschnitte auf der DNA, die für die Ausprägung von Merkmalen verantwortlich sind. Die Gesamtheit der genetischen Information wird als Genom bezeichnet. DNA/DNS: Desoxyribonucleinsäure ist der Träger der genetischen Information, die in der Abfolge ihrer Basen verschlüsselt ist. Die Erbinformation wird von einer Zelle an ihre Tochterzellen weitergegeben, dazu wird die DNA in einem Prozess (Replikation) vor jeder Zellteilung kopiert. Mutationen: Veränderungen in der Basensequenz werden als Mutationen bezeichnet. Auslöser können vielfältig sein, wie etwa Gifte, Strahlung oder Kopierfehler bei der Zellteilung. Synapsen: Eine Synapse ist die Verbindungsstelle zwischen zwei Neuronen, Neuronen und Muskelfasern, Drüsenzellen oder Sinneszellen. Eine Synapse besteht aus einem Endknöpfchen, dem synaptischen Spalt, und einem Membranbereich der nachfolgenden Zelle. Neurotransmitter: Die Nervenleitung geschieht über zwei Wege, die miteinander verbunden sind. Elektrische Impulse werden auf der Nervenzelle weitergeleitet und erreichen die Synapse. Dort findet eine Übertragung auf chemischem Weg statt. Die Nervenimpulse bewirken die Ausschüttung einer chemischen Substanz, eines Transmitters, der die nächste Nervenzelle erregt. Die Transmitter können erregend oder hemmend auf die nächste Nervenzelle wirken. Es kann – je nach Erregung – zum Aufbau neuer Synapsen führen.

Das Schwanzwedeln des Hundes beispielsweise ist sicherlich eine angeborene Verhaltensweise, mit dem er seinem Gegenüber seine Gefühle mitteilt. Ein Hund, der sich freut, wedelt mit dem Schwanz – egal ob Terrier oder Bernhardiner. Der Schwanz des Hundes ist für ihn ein wichtiges Kommunikationsmittel. Jeder hat schon einmal einen Hund mit eingeklemmtem Schwanz gesehen. Die eingeklemmte Rute verrät den inneren Zustand des Tieres. Der Hund ist ängstlich, unsicher und verrät seinen niedrigen sozialen Status, während ein hoch aufgerichteter Schwanz Überlegenheit andeutet. Ein Hund, der seinen Schwanz zwischen den Hinterbeinen einklemmt, verhindert damit, dass aus dem Analbereich verräterische Duftsignale ausgesandt werden. Wenn sich zwei ranghohe Tiere begegnen, heben sie selbstbewusst ihre Ruten, damit der jeweils andere an den Duftsignalen die Rangordnung feststellen kann. Ein Hund, der seinen Schwanz einzieht, verhält sich ähnlich wie ein Mensch, der die Augen senkt, den Blick meidet oder sich abwendet.

Erstaunlich ist, dass ich bis heute nie erlebt habe, dass Momo aus Angst seinen Schwanz einzieht. Er zeigt mir seine Angst durch die Körperhaltung seines Kopfes, den er seitlich dreht, wie schon beschrieben (→ Seite 16 und 31).

Auch Bellen als Kommunikationsmittel ist eine angeborene Verhaltensweise und hat sich im Laufe der Evolution in unseren Hunden entwickelt. Die Jahre andauernde, hitzige Auseinandersetzung einzelner Verhaltensforscher, ob ein Verhalten angeboren oder erlernt ist, kann durch moderne Gentechnik und Verhaltensanalyse im Einzelfall gut beantwortet werden. Dies war ein steiniger und schwerer Weg. Nicht für die Menschen, sondern für die Tiere. Ein kurzer Blick in die Vergangenheit verdeutlicht dies.

Wenn wir zum Spaziergang aufbrechen, und auch unterwegs, gibt Momo jaulende Töne von sich, die ich als »Wohlfühllaute« interpretiere.

Grausame Versuche

Um die Frage zu beantworten, ob ein Verhalten angeboren oder erlernt ist, führten einige Wissenschaftler grausame Entzugsexperimente durch. Rhesusaffen wurden beispielsweise von Geburt an einzeln aufgezogen – neun Monate lang in allseits geschlossenen Käfigen. Auf eine Käfigwand wurden jeweils für kurze Zeit Bilder von Affen projiziert oder zur Kontrolle auch andere Bilder, etwa von einem Sonnenuntergang. Die Affen hatten Gelegenheit, sich das vorher gezeigte Bild durch Hebeldruck selbst vorzuführen. Die Tiere bevorzugten Bilder von Artgenossen, und zwar vor allem das Bild eines jungen Affen und das eines drohenden erwachsenen Affen. Im Alter von zweieinhalb Monaten begannen sie vor dem drohenden Affen Furcht zu zeigen. Sie wichen vor ihm zurück und kauerten sich angstvoll zusammen. Auch projizierten sie das Bild viel seltener. Drastisch wirkt sich das Fehlen der normalen Umwelt im Bereich des Sozialverhaltens aus, vor allem in Bezug auf die Fähigkeit, sich in bestehende soziale Strukturen einzugliedern und persönliche Bindungen einzugehen.

Welche verheerenden Folgen das Aufwachsen einzelner Rhesusaffen unter isolierten Bedingungen für die Entwicklung eines Organismus haben kann, wurde auch durch die Untersuchungen von Harry Harlow, einem amerikanischen Verhaltsforscher, und seinem Team demonstriert. Man trennte die Tiere sofort nach der Geburt von ihrer Mutter und zog sie in Anwesenheit von zwei Drahtattrappen als Muttersatz auf. Die körperliche Entwicklung verlief zunächst normal, und sie zeigten sogar eine Art Anhänglichkeit an eine der Attrappen, die mit weichem Stoff überzogen war. Später stellten sich bei diesen armen Tieren jedoch schwere Entwicklungsschäden ein: Bewegungsstereotypien, aggressive Reaktionen, Apathie und viele weitere abnorme Verhaltensweisen. Die Lernleistungen im Vergleich zu normal aufgewachsenen Tieren waren gering, ihr Erkundungs- und Spielverhalten kaum ausgebildet.

2

Momo – ein Kaspar Hauser, ein Findling?

Kaspar Hauser war ein Mensch mit einem tragischen Schicksal. Viele Jahre seiner Kindheit und Jugend lebte er allein, hatte keinen Kontakt zu anderen Kindern und seinen Eltern. Als man ihn fand, bewegte seine schreckliche Vergangenheit die Gesellschaft außerordentlich, und viele Autoren sahen sich dazu veranlasst, über diesen armen Menschen zu schreiben. Paul Johann Anselm Ritter von Feuerbach schildert in seinem Buch das Leben Kaspar Hausers und spricht sogar von einem Verbrechen am Seelenleben dieser Kreatur. Er schreibt: »Am 26. Mai 1828 tauchte dieser ›Findling‹ in Nürnberg unter absonderlichen Gegebenheiten auf. Er trug ein Schreiben mit sich, das ihn als Waise auswies, ein Tagelöhner soll sein Pflegevater gewesen sein. Hauser zeigte nur geringe Sprach-, Lese- und Schreibkenntnisse, er gab an, bisher in einem dunklen Verlies gelebt zu haben.«

Feuerbach schildert sorgfältig, wie man sich seiner annahm. »Am 16. Oktober 1829 wurde der angeblich am 30. April 1812 Geborene mit einer Schnittwunde am Kopf bewusstlos aufgefunden. Im darauffolgenden Jahr wurde Lord Stanhope sein rechtlicher Pflegevater. In Ansbach fand Kaspar Hauser, der sich eine Allgemeinbildung in vielem relativ rasch, wenn auch mitunter unliebsam, aneignete, als Schreiber am dortigen Appellationsgericht eine Anstellung. Er verkehrte zunehmend in höheren Gesellschaftskreisen. Am 14. Dezember 1833 kam er von einem angeblichen Spaziergang mit einer linksseitigen, tödlichen Stichwunde nach Hause. Er behauptete, diese von einem Unbekannten empfangen zu haben. Nach drei Tagen verstarb er.« (→ A. von Feuerbach, Literatur, Seite 235)

Was verbindet Momo und Kaspar Hauser?

Einige Verhaltensweisen, die Kaspar Hauser zeigte, spiegeln auch das Verhalten von Momo wider, wobei wir nicht wissen, was er alles erlebt oder nicht erlebt hat. Typisch ist eine Reaktion: Momo hat kein Problem mit den Geräuschen des Staubsaugers, der ganz nah an ihn herangeführt wird, schreckt aber panisch auf, wenn er ein metallisches Geräusch hört.

Kaspar Hauser äußerte einmal, dass er sich zu dem Mann zurücksehne, bei dem er immer gewesen war. Zu Hause in seinem Loch habe er niemals so viele Schmerzen im Kopf gehabt und man habe ihn nicht so gequält wie jetzt auf der Welt. Dem Mann habe er nur vorzuwerfen, dass er ihm die Schönheit der Welt nicht gezeigt habe.

Feuerbrach schreibt: »Mild, sanft, ohne lasterhafte Neigungen, ohne Leidenschaft und Affekte gleicht sein immer sich gleichbleibendes, stilles Gemüt einem spiegelglatten See in der Ruhe einer Mondscheinnacht ... Fühlt er sich in seiner Lage bedrückt, so wird er lange duldend schweigen.«

Bemerkenswert ist auch die Geduld, die Momo aufbringt. Wenn er weiß, dass wir spazieren gehen werden, liegt er geduldig am Türdurchgang, beobachtet uns und fängt dann ganz leise und dauerhaft an zu jaulen – die einzige Äußerung, die seine Erwartung unterstützt.

Auffallend für uns war auch die Wahl seines Liegeplatzes. Ohne zu zögern, eroberte er den Teppich im großen Wohnzimmer. Doch es muss unbedingt dieser Platz sein, und selbst ein Tuch auf dem Teppich wird als Störung angesehen.

Feuerbach beschreibt ein weiteres Beispiel: »Fühlt er (Kaspar Hauser) sich in seiner Lage bedrückt, so wird er lange duldend schweigen, dem Beschwerlichen auszubeugen oder dieses durch milde Vorstellungen zu ändern suchen, endlich aber, wenn nichts helfen will, sobald dazu die Gelegenheit sich bietet, die hemmenden Bande ganz gelassen abstreifen, ohne demjenigen, der ihm damit wehe getan, dafür zu zürnen.«

Erwachsen und doch kindlich

Wenn wir nach den drei Monaten unseres Zusammenlebens innehalten und Momos Verhalten beurteilen, so erleben wir, dass er der Welt gelassen und friedlich begegnet. Allerdings versuchen wir, ihm keinen Grund zu geben, ängstlich oder unfrei zu sein. Auffallend jedoch war im ersten Monat sein Augenausdruck. Der Blick war nicht frei, und Momo vermied es, uns offen anzuschauen. Oftmals war sein Bernhardinergesicht in Falten gezogen. Dieser Ausdruck hat sich geändert und zeigt zumindest im häuslichen Rahmen eine friedliche, freie Mimik.

Im Schonraum seines neuen Zuhauses fällt Momo zurück in kindliche Verhaltensweisen, die wir bei einem Bernhardiner noch nie erlebt haben. Er spielt begeistert mit einem Stoffball, wirft ihn in die Höhe, vergisst seine Behinderung am Hinterbein, und kein Sofakissen ist vor seinem Spieltrieb sicher. Bemerkenswert für einen fünfjährigen Hund! Über Kaspar Hauser wird von Feuerbach Ähnliches beschrieben: »Er erscheint als ein Gemisch von Kind, Jüngling und Mann, ohne dass man so bald mit sich einig werden könnte, welcher Altersstufe dieser einnehmende Mischling wirklich angehöre.«

Die Ernährung als großer Unterschied

Ein großer Unterschied zu Kaspar Hauser besteht gewiss in der Ernährung. Momo bekommt pro Tag oftmals zwei gekochte Beinscheiben sowie gebratenes Hackfleisch mit Ei und Kartoffeln. Er hatte von Anfang an keine Schwierigkeiten, sich in der Ernährung umzustellen. Lassen wir Feuerbach zu Wort kommen: »Er (Kaspar Hauser) genießt, ausgenommen Schweinefleisch, alle Arten von Speisen, doch ohne hitzige Gewürze. Sein liebstes Gewürz bleibt Kümmel, Fenchel und Koriander. Sein Getränk besteht noch immer in Wasser ... Alle gegorenen Getränke ... sind ihm fortwährend ein Gräuel.«

Was hat Momo wohl vermisst?

Kaspar Hauser und leider auch andere arme menschliche Geschöpfe wie die sogenannten »Wolfskinder«, die nicht unter Artgenossen aufwuchsen und keinen Kontakt zu ihnen hatten, zeigen massive Verhaltensstörungen.

Ich glaube nicht, dass Momo so ein schreckliches Schicksal hinter sich hat. Wohl aber, dass ihm viel gefehlt hat. Das zeigt mir sein Verhalten. Im Unterschied zu all unseren anderen Hunden betritt er nur zwei Räume in unserem großen Haus. Am ersten Abend der Ankunft lag er friedlich bei uns, als wir Fernsehen schauten. Seitdem ist es sein Schlafraum und Wohnzimmer. Die anderen Zimmer im Erdgeschoss interessieren ihn kaum. Auch nicht, wie schon erwähnt, das sogenannte Hundezimmer. Seine Vorgänger wählten diesen Raum zum Schlafen aus. Das Zimmer war beliebt. Ich denke, ein paar Duftmoleküle finden sich noch immer.

Momo hat diesen Raum, soweit ich mich erinnere, noch nie betreten, obwohl die Tür immer geöffnet ist. Alle Hunde, die zu Besuch kommen, rennen in diesen Raum und schnuppern darin. Nicht Momo, obwohl er sich im Haus frei bewegen darf. Er wählt immer nur die beiden Räume, die er von Anfang an kennt. Sein Erkundungsverhalten scheint mir eingeschränkt zu sein und erinnert mich an die Rhesusaffen (→ Seite 57). Aber im Gegensatz zu den armen Affen, die im Gefängnis ihrer Psyche verharrten, gelingt es mir immer häufiger, Momo daraus zu befreien. Dabei spielen meine Hände eine bedeutende Rolle. Denn in den vielen Jahren mit Hunden habe ich gelernt, wie wichtig Streicheln ist.

Hände und Stimme als Katalysatoren für Wohlbefinden

Mein früherer Bernhardiner Balu ließ sich durch Futter kaum verführen. Bei ihm kam es sehr auf den Tonfall und die Streicheleinheiten an. Er legte sich auf den Rücken und streckte alle viere gen Himmel. Ich streichelte seinen Bauch, und wir fühlten uns wohl. Heute macht es Momo wie Balu. Aber es dauerte nahezu ein Jahr, bis er sich vor mir auf den Rücken legte und sich streicheln ließ.

Berührungen erzeugen im Hund positive Gefühle und sind daher bestens als Belohnung geeignet. Wir haben es also im wahrsten Sinne des Wortes in der Hand, mittels unserer Hände dem Vierbeiner ein Wohlgefühl zukommen zu lassen. Nichts Vergleichbares im Tierreich kann sich mit den Händen von Homo sapiens messen. Unter ihnen schmelzen die Hunde, aber auch wir Menschen, dahin. Hunde schließen die Augen, entspannen sich und halten den Kopf ruhig. Im Stehen lassen sie den Schwanz langsam fallen und scheinen sich ganz dem Gefühl hinzugeben, völlig zu entspannen. Beim Berühren haben wir oder die Tiere einen unmittelbaren körperlichen Kontakt mit einem anderen Lebewesen – im Gegensatz zum Sehen,

Sanfte Berührungen erzeugen nicht nur im Hund positive Gefühle, sondern auch bei uns Menschen. Gern bitte mehr davon!

Riechen und Hören. »Berührung ist ein wichtiges Kommunikationsmittel. Die Botschaft lautet: Ich traue Dir, ich akzeptiere Dich oder ich mag Dich.« (→ J. Balcombé, Literatur, Seite 235)

Die Kraft der Berührung

Kein Tier hat mir die Bedeutung und Wichtigkeit der Berührung so eindeutig demonstriert wie Mori, mein Mohrenkopfpapagei. Täglich haben wir Plauder- und Kraulstunde. Biete ich ihm eine Traube, seine Lieblingsfrucht, kommt es häufig vor, dass er sie verschmäht und stattdessen den Kopf nach unten beugt, die Kopffedern sträubt und einen zarten Ton ausstößt. Das ist die Aufforderung, ihn am Kopf zu kraulen. Was ich dann auch tue. Sein Wohlbefinden sieht man ihm an. Er verdreht vor Wonne seine knallgelben Augen mit den schwarzen Pupillen und stößt zärtliche Laute aus. Er kann nicht genug davon bekommen. Selbst nach fünf bis zehn Minuten verschmäht er immer noch die köstliche Traube.

Ob Hund, Katze, Löwe oder Papagei, alle lieben die Berührung, selbst Ratten. Jonathan Balcombé schildert in seinem vergnüglichen Buch ein Experiment von Jaak Panksepp an Ratten: »In einem Experiment lernten die Ratten einen Hebel zu drücken. Dies hatte zur Folge, dass sie danach gekitzelt wurden. Nach neun Tagen blieb die Kitzelbelohnung aus, wenn sie den Hebel drückten. Damit wollten die Forscher ausschließen, dass die Ratten den Hebel gewohnheitsmäßig bedienten.

Im nächsten Schritt haben sie zwei Hebel zur Auswahl: Bei einem wurden sie gekitzelt, bei dem anderen nicht. Wie zu erwarten, bedienten die Ratten ausgiebig den Kitzelhebel, der andere wurde fast nie gedrückt.« (→ J. Balcombé, Literatur, Seite 235)

Berührungen verstärken die sozialen Bande. Eine Welt ohne körperliche Berührung wäre ein unersetzlicher Verlust für Mensch und Tier. Es liegt in unserer Hand beziehungsweise in unseren Händen, dass man sie als Belohnungssystem einsetzt, genauso wie unsere Stimme.

Wer bist du, und was willst du? – Kommunikation

Erlauben Sie mir einen kurzen Ausflug in die Biologie. Tiere produzieren eine erstaunliche Vielfalt an Lautäußerungen – vom einfachen Zirpen der Grillen, dem Gesang der Nachtigallen und Wale, dem Heulen der Wölfe bis hin zum hoch entwickelten Vokabular der Papageien und Schimpansen.

Bei Schimpansen kann eine Lautäußerung 34 oder mehr Laute umfassen. Tiefe und kurze Töne enthalten meist einfache Miteilungen, während andere Frequenzen oft sehr komplizierte Nachrichten enthalten. Keiner meiner Hunde, mit denen ich zusammengelebt habe, hat mich so »bequatscht« wie Momo. Er drückt viele seiner Gefühle durch Lautäußerungen aus. Doch viele Laute verstehe ich noch nicht. Aber beispielsweise heute Morgen steht Momo zwischen Gang und Wohnzimmer und heult auf sehr charakteristische Weise. So, wie ich es zuvor nie gehört habe. Ich interpretiere sein Heulen aber vermutlich richtig. Ich öffne ihm die Tür in den Garten, und siehe da, er tritt ohne zu zögern hinaus und pinkelt an den nächsten Busch.

Unbestritten ist die Wichtigkeit der Stimme mit ihren Möglichkeiten der Modulation, Frequenzwechsel und Tonabfolge in der Kommunikation zwischen Menschen und Hund. Obwohl die Stimme eines Menschen zwar charakteristisch klingt, ist sie sehr variabel. Morgens klingt sie frischer als abends, in jungen Jahren heller als im Alter und während einer Depression monotoner als sonst. Spracherkennung hat ihre Wurzeln in den USA und dient sogar dazu, Straftäter zu identifizieren. Wissenschaftler sind neugierige Menschen, immer wieder fallen ihnen Fragen ein, auf die man keine Antwort weiß. So auch die Frage, welche Bedeutung die Stimme und das Bild bei der Identifikation eines Menschen haben.

Man untersuchte das Verhalten von Hunden, die die Stimme ihres Besitzers oder eines Fremden hörten und denen man gleichzeitig entweder das Bild ihres Besitzers oder eines Fremden auf einem großen Monitor zeigte. Wenn das Gesicht nicht zur Stimme passte, sahen die Hunde länger hin – sowohl beim Gesicht des Besitzers als auch bei der fremden Person. Hätten die Hunde nur das Gesicht ihres Besitzers bevorzugt, hätten sie dies am längsten betrachtet. So aber betrachteten sie, während die Stimme ertönte, immer das gerade gezeigte Gesicht am längsten – gleich, ob Besitzer oder Fremder. Das ist zwar kein sensationelles Ergebnis aber dennoch überraschend, da Auge und Ohr beim Erkennen einer Person eine sehr wichtige Rolle spielen.

Chinesische Wissenschaftler bestätigen die Bedeutung der Stimme. Sie fanden heraus, dass Menschen allein am Klang der Stimme erkennen können, welche von zwei Personen die größere ist. Man könnte annehmen, dass wir Menschen das gelernt haben. Aber Versuche mit blind geborenen Menschen weisen in die gleiche Richtung. Auch sie erkennen die Größe zweier Menschen an der Stimme. Im Laufe der Evolution hatte es sich wahrscheinlich als vorteilhaft erwiesen, besonders große und damit dominante Männer zu erkennen. Dieses Resultat deckt sich mit unseren Untersuchungen.

Der vielfältige Einsatz der Stimme

Jeder, der mit Tieren – ob Papagei, Löwe, Hund oder Katze – arbeitet, weiß, wie gut man die Stimme als Belohnung, als stärkende Motivation oder auch als Maßregelung einsetzen kann. Ich benütze sie gerne als Belohnung.

Im Moment bringe ich Momo vorsichtig bei, auf Zuruf zu kommen. Dabei gehe ich folgendermaßen vor: Momo ist vielleicht 30 oder 40 Meter entfernt und mit Riechen beschäftigt, dann raschle ich mit einem Knäuel Silberpapier oder stoße Töne aus, die zum Beispiel wie das Röhren eines Hirsches klingen. Sofort hebt Momo den Kopf und schaut in meine Richtung. Das ist der erste, aber wichtige Schritt. Ich habe seine Aufmerksamkeit gewonnen. Genau in diesem Moment rufe ich »Komm« und mache eine Handbewegung in meine Richtung. Die Bewegung unterstützt den Lernvorgang, indem sie dem Hund klarmacht, was ich will. Nach fünf bis zehn Wiederholungen hat er begriffen, dass er kommen soll. Während des Rennens zu mir belohne ich ihn mit der Stimme, indem ich ein sanftes, lang gezogenes »Guuut« rufe. Angekommen, gibt es eine Streicheleinheit und warme Worte. Leckerli als Belohnung sind im Prinzip zwar nicht schlecht, aber sie verführen zum Betteln.

Ich bin der Meinung, man sollte die Belohnungssysteme abwechseln. Das erhöht die Spannung und den Belohnungs- und Lerneffekt. Aus eigener Erfahrung wissen wir, dass die immer gleiche Belohnungsart langweilig ist. Je nachdem, was angesagt ist, belohne ich mit Futter, Streicheln, Stimme oder einer Denksportaufgabe.

Bei unseren Kognitionsexperimenten haben wir festgestellt, dass die Hunde nicht nur die Aufgabe wegen des Leckerlis lösten, sondern auch aus reinem Vergnügen. Damit finden sich unsere Hunde in bester Gesellschaft, wie die »Süddeutsche Zeitung« am 03.06.2013 schrieb: »In den Experimenten der Forscher mussten sechs Schimpansen – zwei Weibchen, vier Männchen – eine typische Aufgabe lösen, mit der die kognitiven und manuellen Fähigkeiten von nicht-menschlichen Primaten getestet wurden. Sie sollten mit Hilfe eines langstieligen Klempnerwerkzeuges einen Gegenstand durch ein System von Röhren bugsieren, bis dieser am Ende der Apparatur herausfällt. Dabei wurde die Aufgabe in zwei Varianten gestellt: Im ersten Fall sollten die Schimpansen eine Paranuss durch das System schleusen, die sie am Ende des Experimentes zur Belohnung auch verspeisen durften. Im zweiten Fall befand sich lediglich ein roter Würfel in den Röhren, der am Ende in einen nicht zugänglichen Auffangbehälter fiel. Gemäß einer rationalen Kosten-Nutzen-Rechnung wäre zu erwarten gewesen, dass sich die Tiere mit mehr Hingabe der Nuss-Aufgabe widmeten, doch das war nicht der Fall: ›Wir beobachteten, dass die Schimpansen eifrig darauf aus waren, das Spiel zu Ende zu bringen, egal, ob sie eine Futterbelohnung bekamen oder nicht. Das lässt vermuten, dass sie ähnliche Zufriedenheitserlebnisse haben wie Menschen, die sich freuen, wenn sie eine Denkaufgabe gelöst haben‹, berichtete Forscherin Margaret R. Clarke.« (→ M. R. Clarke, American Journal of Primatology, Literatur, Seite 235)

Im Zusammenleben mit Momo spielt Belohnung eine wichtige Rolle. Sie gibt ihm Zuversicht und fördert sein eigenes Ich. Strafe wäre kontraproduktiv. Ich halte Strafe als Erziehungselement grundsätzlich für fragwürdig. Der bekannte Bremer Hirnforscher Gerhard Roth bringt es genau auf den Punkt: »Die Belohnung selber sättigt uns und stellt uns zufrieden (jetzt ist es erst einmal gut), aber das Nachlassen des

Belohnungseffektes und das dadurch hervorgerufene Streben nach neuer Belohnung treibt uns voran, motiviert uns. Wir wollen uns wieder so toll fühlen wie beim letzten Mal ...«
(→ G. Roth, Literatur, Seite 237)

Allein, allein – ein Leben ohne Artgenossen

Aber noch so viele Anstrengungen meinerseits können den Artgenossen nicht ersetzen, um Momo ein schönes Leben zu schenken. Alles zu seiner Zeit und zum richtigen Maß. Momos Angst gegenüber Artgenossen ist verschwunden. Er geht friedlich auf sie zu. Beide Tiere verstehen in aller Regel, was der andere will. Sie beschnuppern sich, und manchmal spielen sie miteinander. Je nachdem, welche Laune sie haben. Einige haben Angst vor Momos Größe und weichen dem Kontakt aus. Dann war es das. Es entstehen keine Probleme. Bis auf eine Begegnung mit anderen Hunden gingen alle friedlich aus.

Eine Begegnung hat mich besonders gefreut. Auf unserem täglichen Morgenspaziergang trafen wir einen älteren Rottweiler-Rüden. Beide Tiere beschnupperten sich, keine Anzeichen von Aggression. Plötzlich und aus für uns unerklärlichen Gründen ging der Rottweiler auf Momo los. Knurrend und bellend verkeilten sie sich ineinander. Momo ließ sich diesen Angriff nicht gefallen und wehrte sich. Das freute mich, denn ich hatte das Bild seiner ersten Begegnung mit der Berner Sennenhündin im Kopf. Vier Wochen früher wäre er aus Angst geflohen. Er hat Selbstbewusstsein gewonnen und ist sich vielleicht seiner Kraft bewusst geworden. Der Rottweiler rannte weg, und Momo schaute ihm nach. Sein Verhalten anderen Hunden gegenüber hat sich nicht verändert. Er ist immer friedlich und

Schnee ist für Momo absolut faszinierend. Er kann gar nicht genug von der kalten Pracht bekommen.

rennt nicht mehr aus Angst weg. Langsam gewinnt er Selbstsicherheit. Momo versteht vielleicht allmählich, dass er ein Riese unter den Hunden ist.

3

Wer spielt, gewinnt

So hatten Volker Arzt, der Physiker und Wissenschaftsjournalist, und ich unseren Film genannt, der im ZDF gesendet wurde. In diesem Film beschäftigten wir uns mit der biologischen Bedeutung des Spiels. Wir fanden das Thema so spannend, dass wir nahezu ein Jahr weltweit recherchiert haben.

Etwa vier Monate nach Momos Ankunft in Freiburg hätte ich vor Glück jauchzen können. Wie so oft, ging ich mit Doris und ihrer Hündin Mokka spazieren. Mokka war die Freundin von Balu, meinem früheren Bernhardiner. Die beiden Hunde spielten von Kindheit an zusammen. Wenn Gefahr von anderen Artgenossen drohte, suchte Mokka Schutz bei ihrem 80 Kilo schweren Freund Balu. Als aber Mokka zum ersten Mal Momo begegnete, ignorierte sie ihn. Sie beschnupperte ihn, ließ ihn aber links liegen. So gingen wir viele Tage miteinander spazieren. Bis es geschah: Momo forderte Mokka zum Spiel auf. In üblicher Spielmanier tobten sie durch den Wald. Einer jagte abwechselnd hinter dem anderen her. In diesem Moment war ich glücklich, denn es ist ein Hoffnungsschimmer, dass sich Momo tatsächlich von seiner kontaktarmen Vergangenheit verabschieden kann.

Spielen ist ein Indiz für Wohlbefinden. Es findet immer in einem entspannten Umfeld statt, darüber sind sich die Verhaltensbiologen einig. Hunde, aber auch andere Säugetiere, lernen dabei die sozialen Spielregeln. Aber Spielen ist kein Luxus in der Natur. Das Spielen lehrt, wie nichts anderes, Körperbeherrschung und Verhalten bei Scheinkämpfen. Es vermittelt soziale Ordnung und bietet die Möglichkeit, Fähigkeiten zu lernen und zu perfektionieren. Spiel vermittelt Erfolgsgefühle ohne echte Niederlage. Es lehrt auch, auf den anderen einzugehen, zum Beispiel seine Furcht vor Verletzung – besonders beim Spiel mit größeren Partnern – zu berücksichtigen.

Warum spielen Tiere?

Tierische Spieler verschwenden Zeit, die sie besser nutzen könnten, etwa zum Jagen oder Ruhen. Sie vergeuden Reserven, die sie für den Daseinskampf brauchen. Die Verletzungsgefahr beim Spielen ist groß, ebenso die Gefahr, vom Raubfeind entdeckt zu werden. Warum spielen dann Tiere? Die Verhaltensbiologie splittet diese Frage. Sie fragt sich einerseits, warum dieses Verhalten im Laufe der Evolution entstanden ist, und andererseits fragen sich Verhaltensforscher, was im Körper des Tieres geschieht, damit es spielt. Ich habe eines der Enkelkinder gefragt, warum Momo mit dem Ball spielt. Wie aus der Pistole geschossen hat es geantwortet: »Weil es ihm Spaß macht.«

Und damit hat es recht. Denn Spielen wird von der inneren Motivation, dem Spaß, gespeist. Oder einfacher, aber wissenschaftlich nicht ganz so korrekt: Ohne das Gefühl des Spaßes findet Spielen nicht statt. Spielen und Spaß sind ein Duo, aber nicht ganz gleichwertig. Man kann auch Spaß haben, ohne zu spielen, aber nicht spielen ohne Spaß.

Was läuft im Körper ab?

Was läuft im Körper eines Menschen oder Tieres ab, wenn wir Spaß haben? Diese Frage stellen sich Neurowissenschaftler und Verhaltensbiologen. Neben dem äußeren Verhalten der Tiere beobachtet man heute auch ihre Körperchemie und vergleicht beide miteinander. Damit ist eine zweite Beobachtungsebene eröffnet. Biochemische Untersuchungen an Rattengehirnen zeigten, dass Spiel Spaß bereitet. Jaak Panksepp entdeckte bei Ratten, dass eine höhere Opiatdosis im Gehirn der Tiere sowohl den Spaß fördert als auch die Lust zu spielen. Erniedrigt man durch biochemische Tricks die Opiatkonzentration im Gehirn, so nehmen der Spaß und die Spielfreude ab. (→ J. Panksepp, Literatur, Seite 237) Wenn die biochemischen Mechanismen für Ratten und Menschen zutreffen, dann ist es sehr wahrscheinlich, dass sie auch für Hunde gelten. Zumal jeder sieht, mit welchem Spaß Hunde spielen.

Die evolutionsbiologische Sicht

Beantwortet man die Frage, warum Tiere spielen, aus evolutionsbiologischer Sicht, dann stellt man fest, dass die Gefühle Freude und Spaß eine Eigendynamik und Selbstständigkeit entwickeln können, die nicht mehr an biologische Zweckmäßigkeit orientiert sind. Und diese Emanzipation der Gefühle, wie wir sie bei uns als selbstverständlich voraussetzen, gestaltet das Verhalten der Tiere mehr, als wir ahnen. Gewiss ist Spaß – oder auch Lustgefühl –, was ein spielendes Tier empfindet, nicht vom Himmel gefallen. Es ist ein Produkt der Evolution, aber es blieb nicht unter den Einsatzbedingungen, unter denen es entstanden ist.

Spiel ist nicht lebensnotwendig. Es ist sogar entbehrlich, wenn Verhaltensweisen, die das Überleben sichern, Vorrang haben. Forscher, die sich mit dem Spiel einzelner Tierarten beschäftigt haben, berichten übereinstimmend, dass es augenblicklich unterbrochen wird, wenn etwas Wichtigeres die Spieler ablenkt. Wenn Tiere sich in Not befinden, wenn sie hungern, wenn Feinde sie bedrohen, spielen sie nicht. Spielen findet nur in einem entspannten Umfeld statt.

Wenn Tiere spielen, gebrauchen sie die angeborenen Verhaltensweisen ihrer Art nicht schematisch, sondern schöpferisch. Sie vagabundieren frei herum im Repertoire ihrer Verhaltensweisen – spielen mal den Verfolger, dann den Verfolgten und lassen sich zwischendurch – im Fall der Hunde – vielleicht noch von einem zufällig daliegenden Ast zu einem kurzen Solospiel verleiten. Sie trainieren für den Ernstfall, werden körperlich geschickter und lernen, wichtige geistige Funktionen und Reaktionen zu beherrschen.

Wie hängen Spiel und Gehirn zusammen?

Bleibt die Frage: Welchen Einfluss hat das Spielen auf die Entwicklung des Gehirns? Solche oder ähnliche Fragen versuchen Forscher heute zu beantworten. Einer von ihnen ist Sergio Pellis. In dem Buch »The Playful Brain« schildern er und Vivien Pellis die neuen Ergebnisse der Neurobiologischen Spielforschung. (→ S. und V. Pellis, Literatur, Seite 237).

Sergio Pellis erforschte an Laborratten, wie das Lernen sozialen Verhaltens auf neuronaler Ebene abläuft. »Unsere Forschungen zeigen, dass Raufspiele in der juvenilen Phase nicht nur zu verbesserten sozialen Fähigkeiten führen, sondern auch Auswirkungen auf die Nervenzellen des präfrontalen Cortex haben, eines Gehirnareals, von dem man weiß, dass es bedeutend für das Sozialverhalten ist. Sehr spannend ist auch, dass durch das Spielen dieser Bereich größere Kontrolle über das subkortikale emotionale System erlangt. Durch diese Entwicklung kann das Tier später in Stresssituationen und Bedrohungen eher die Ruhe bewahren und findet leichter eine Strategie, mit dieser Situation umzugehen.« Seine Versuche zeigen auch, dass Ratten, die nicht spielen durften, einen deutlich unterentwickelten medialen präfrontalen Cortex hatten. Dieses Hirnareal ist mit zuständig für die soziale Intelligenz.

Fazit der Neurobiologie

Zusammengefasst kann man die Ergebnisse der Neurobiologie in etwa so formulieren: Spielen ist wichtig in einer bestimmten Entwicklungsphase, denn es fördert die Flexibilität des Gehirns. Diese Flexibilität ist notwendig, um auf zukünftige unerwartete Ereignisse sinnvoll zu reagieren und damit für das Lebewesen richtige Entscheidungen zu treffen. Außerdem ist selbstvergessen zu spielen das beste Antistressmittel beim Menschen und vermutlich auch bei Tieren.

Das war ein weiterer Abstecher in die Wissenschaft, aber um Momo zu verstehen und was in seinem Kopf vor sich geht, reichen einfache »Rezepte« nicht aus. Er bringt mich täglich zum Grübeln und fordert meinen Verstand heraus. Was gibt es Schöneres? Er schenkt mir jeden Tag tiefe Freude und Zufriedenheit. Wir beide wissen, was wir voneinander haben ...

4

Was weiß ein Tier von sich?

Wanderratten, so vermutete der Nobelpreisträger Konrad Lorenz, verstehen ihren Namen nicht. Es scheint also unter den Tieren alles andere als selbstverständlich zu sein, dass sie Eigennamen verstehen. Konrad Lorenz schiebt auch die Begründung gleich nach. Seiner Meinung nach erkennen sich Wanderratten nicht individuell, sondern leben in einer sogenannten anonymen Schar und haben daher einen geruchlichen Sippen-Namen, das heißt, die Mitglieder der Schar wissen nur, wer zur Sippe gehört und wer nicht. (→ K. Lorenz, Literatur, Seite 236)

Bei unseren Hunden ist dies anders. Sie erkennen sich individuell am Geruch, und wenn man so will, tragen sie zwei Namen: den Eigennamen und den Sippennamen. Jeder hat schon erlebt, wie ein Rüde sein Bein hebt, uriniert und damit sein Territorium absteckt. Die Markierung des Territoriums durch Geruch hat, ebenso wie die Lautäußerungen, ihren eigentlichen Sinn in der persönlichen Kenntnis des anderen. Wenn ich weiß, wer der andere ist, dann kann ich abschätzen, ob es zu Grenzstreitigkeiten kommt oder nicht. Das steht im Einklang mit heutiger wissenschaftlicher Forschung, die feststellt, dass die Bewohner benachbarter Territorien eine gewisse Toleranz an den Tag legen; ja, es kann sogar zu freundschaftlichen Beziehungen kommen, namentlich bei solchen Arten, die das Territorium dauernd und unter Umständen jahrelang bewohnen, wie zum Beispiel Raubtiere und Antilopen.

Das erinnert an uns Menschen. Nachbarn, die sich gut kennengelernt haben, sich schätzen und freundschaftlichen Kontakt pflegen, vermeiden Streitigkeiten. Heftige, kämpferische Verteidigung eines Territoriums wird in erster Linie durch unbekannte fremde Individuen ausgelöst.

Äußern Tiere Laute, um Artgenossen zu warnen?

Wenn es so ist, würde das bedeuten: Kommunikation zwischen Tieren erfüllt einen ähnlichen Zweck wie bei uns Menschen – sie teilt anderen etwas mit über die subjektiven Erfahrungen oder Kenntnisse desjenigen, der sie äußert. Die anderen Rudelmitglieder können aus dem Wissen, wer die Information sendet, auf deren Richtigkeit schließen. Wenn mich zum Beispiel Richard warnt, dem ich vertraue, nehme ich das ernst. Eine Antwort auf die eingangs gestellte Frage lieferten die amerikanischen Forscher Dorothy Leavitt Cheney und Robert Seyfarth. Sie untersuchten die Lautäußerungen von Meerkatzen und konnten die Bedeutung einzelner Rufe dechiffrieren. Wie ihre Aufzeichnungen belegen, warnen Meerkatzen einander vor gefährlichen Beutegreifern. Aber sie alarmieren nicht nur. Sie teilen den Mitgliedern ihrer Gruppe auch mit, welche Art sie gesichtet haben. (→ D. L. Cheney und R. Seyfarth, Literatur, Seite 235)

Bis zu diesem Zeitpunkt hatten Forscher angenommen, dass Tierlaute nur Gefühle ausdrücken – Furcht zum Beispiel. Das wurde durch die neuen Erkenntnisse widerlegt. Die Rufe enthielten offenkundig spezifische, für die Affen lebenswichtige Informationen. Denn die Entscheidung für den richtigen Fluchtweg – in die Krone eines Baumes oder auf die unteren Äste – hing davon ab, ob sie sich vor Leoparden oder Adlern in Sicherheit bringen mussten.

Das Datenmaterial ergab außerdem, dass ängstliche Affen durch ihre Rufe verrieten, welche Befürchtungen ihnen durch den Kopf gingen. Auf ein Experiment möchte ich noch kurz eingehen: In diesem Versuch wurden die Schreie eines bestimmten Jungaffen von einem Lautsprecher abgespielt, nachdem sich das Junge gerade in diese Richtung entfernt hatte und außer Sicht gekommen war. Nicht nur seine Mutter zeigte dann starke Reaktionen, sondern auch andere erwachsene Weibchen wurden aufmerksam. Sie schauten aber nicht nach dem Lautsprecher, sondern nach der Mutter des Jungen, dessen Schreie zu hören waren. Sie identifizierten also an der Stimme sowohl den Jungaffen als auch dessen Mutter. Wer zu solchen Leistungen fähig ist, sollte auch etwas Abstraktes wie einen Namen als Kommunikationsmittel verwenden können.

Der Name als Kommunikationsmittel

Persönliches Erkennen kann aber auch an seine Grenzen stoßen, vor allen Dingen dann, wenn die Herde oder Gruppe zu groß wird. Bei Pavianen gibt es Gruppen bis zu 85 Tieren, und jedes von ihnen kennt jedes andere. Lehrer wissen, wie schwierig es ist, sich die Namen von 85 Schülern zu merken. Mit jedem Namen werden ganz bestimmte Merkmale verbunden, wie zum Beispiel Haarfarbe, Größe, Geruch oder Persönlichkeitsmerkmale. Ohne Zweifel ist dies eine Herausforderung für das Gedächtnis.

Die vom Menschen seit Jahrtausenden geübte Praxis, vertraute Tiere seiner Umgebung mit einem Rufnamen zu belegen, spiegelt die Beziehung zwischen Mensch und Tier, verrät uns aber nicht, ob sich Tiere untereinander einen Namen geben. Das war und ist eine Streitfrage der Biologen.

Delfine scheinen es zu tun, wie der Verhaltensbiologe Jason Bruck von der Universität Chicago feststellte (→ J. Bruck, Literatur, Seite 235). Delfine stoßen bestimmte charakteristische Pfiffe aus, die als Erkennungsmerkmale dienen. Wann immer die Delfine auf einen Artgenossen treffen – ob fremd oder vertraut –, stoßen sie die Laute aus und geben dadurch zu erkennen, wer sie sind.

Und in der Zeitschrift »GEO« ist zu lesen: »... Zum andern wird er von seinen Gefährten mit demselben Pfiff begrüßt oder angekündigt, so als wollten sie sagen: Hier kommt Peter. Um diesen Pfiff zu memorieren, reicht schon eine relativ kurze Bekanntschaft von rund drei Monaten. Danach bleibt der gepfiffene Name eines Delfins dauerhaft im Gedächtnis seiner Gefährten.« (→ GEO, Literatur, Seite 235)

Sarah kennt ihren Namen

Getoppt wurde diese Leistung der Delfine nur noch von Sarah, einer liebenswürdigen Schimpansin. Ich begegnete Sarah, als ich Sally Boysen an der Ohio State University zwecks Filmaufnahmen besuchte. Die betagte Schimpansin bekam das Gnadenbrot von Sally. Sie war zwar alt, aber geistig völlig fit. In ihrer Jugend hatte Sarah mit einem Bravourstück geglänzt. Sarah bekam damals Unterricht in der amerikanischen Zeichensprache. In dieser Sprache werden Plastikkörper sowie grafisch abstrakte Symbole für Wörter eingesetzt. Jeder Name eines Betreuers oder eines Artgenossen hatte ein ganz bestimmtes Plastiksymbol. Der Name Sarah wurde zum Beispiel durch eine Plastiksonne symbolisiert. Durch eine entsprechende Anordnung der Plastikfiguren an einer magnetischen Wandtafel konnte Sarah beispielsweise schreiben: »Give apple Sarah.« Während einer Unterrichtsstunde schrieb sie: »Give apple Gursie«, worauf ihr Lehrer sogleich den Apfel der Schimpansin Gursie gab. Mit Gursie war sie befreundet, das heißt, Sarah kannte den Namen ihrer Freundin. Gratulation!

Der geruchliche Name

Erstaunlicherweise fällt es uns Menschen schwer, sich vorzustellen, dass es auch geruchliche Namen geben kann, obwohl doch der Verhaltensforscher Iräneus Eibl-Eibesfeldt an taubblinden Kindern zeigen konnte, dass sie Menschen mittels Geruchs erkennen (→ I. Eibl-Eibesfeldt, Literatur, Seite 235). Wie jeder weiß, haben Hunde damit keine Schwierigkeiten, schließlich ist ihre Nase der wichtigste Detektor der Umwelt. Welchen Namen mir mein Bernhardiner Momo gegeben hat, weiß ich nicht, aber vermutlich ist er ein Gemisch aus Vogel,- Hund- und Menschengeruch.

Eigenname und Persönlichkeit

Das Tier, das einen Eigennamen trägt, muss etwas darüber wissen, weil es sich durch den Namen von anderen Individuen unterscheidet und nur auf ihn reagiert. Sein Eigenname ist Bestandteil seiner tierlichen Persönlichkeit, seines individuellen Seins. Es unterscheidet also zwischen Ich und Nicht-Ich.

Wir haben Momo einen Tag nach seiner Ankunft bei uns umgetauft. Aus »Erich, das ist der Name aus seinem Stammbaum, wurde »Momo«. Der Name »Erich« spielte in seinem Leben eine geringe Rolle. Rief man »Erich«, reagierte er kaum. Er kannte das Wort, aber ob er es als Eigenname verinnerlichte, wissen wir nicht. Mit diesem Namen verbindet Momo wohl wenig. Auf »Momo« reagiert er heute prompt und zielgerichtet. Dass es Eigennamen im Tierreich gibt, zeigt auf eindrückliche Weise, dass das gesellschaftliche Leben zwischen tierischen Artgenossen viel intimer ist, als man bisher dachte.

»Spieglein, Spieglein …« – Wie sehe ich aus?

Haben Tiere eine Vorstellung von ihrem Körper? Wer bin ich? Haben Hunde womöglich ein Bewusstsein, insbesondere ein Körperbewusstsein, das heißt, wissen sie, wie groß sie sind, oder wissen sie, wie groß der andere im Vergleich zur eigenen Körpergröße ist? Dafür spricht viel, denn Bewusstsein und Persönlichkeit sind untrennbar miteinander verknüpft.

Jeden Tag, wenn ich mit Momo spazieren gehe, bekomme ich darauf eine Antwort. Wo immer Momo mit seinen 80 Zentimetern Schulterhöhe und 78 Kilo auftaucht, ist die Reaktion seiner Artgenossen sehr ähnlich. Sie nähern sich ihm äußerst vorsichtig oder fliehen. Er hingegen scheint um seine Größe zu wissen. Ohne Zögern, ohne eine Spur von Vorsicht oder Angst rennt er auf andere Hunde los. Dieses Verhalten, dass ich häufige Male beobachtete, deckt sich mit den wissenschaftlichen

Offenbar weiß Momo, dass er ein Riese unter den Hunden ist. Begegnet er den meist kleineren Artgenossen, zeigt er keinerlei Spur von Angst.

Ergebnissen. Hunde und Primaten haben eine mentale Vorstellung von einem Artgenossen, wenn sie vorher Rufe dieses Individuums gehört haben. Hunde können dann diese Vorstellung mit anderen Charakteristika des Individuums verbinden, die sie zum Beispiel visuell erkennen können. So wie Knurren bei Hunden kontextspezifisch ist und Informationen über die Größe des Hundes vermittelt.

Tamás Faragó und Kollegen testeten, ob Hunde die Körpergröße eines anderen Hundes einschätzen können, wenn sie das Knurren hören (→ T. Faragó, Literatur, Seite 235). Sie fanden heraus, dass das Knurren der Hunde die Körpergröße des Hundes verrät.

Wie findet man so etwas heraus? Die Forscher zeigten den Hunden zwei Fotos mithilfe einer Videoproduktion und spielten gleichzeitig das Knurren eines Hundes vor. Eines der Bilder entsprach der Originalgröße des knurrenden Hundes, das andere war 30 Prozent größer oder kleiner (→ Adressen im Internet, www.cleverdoglab.at, Seite 235). In mehreren Kontrollgruppen wurden nur Geräusche anstatt des Knurrens oder Bilder von geometrischen Figuren gezeigt. Wie zu erwarten, schauten die Hunde länger auf das Foto, das dem knurrenden Hund entsprach. Die Forscher schlossen daraus, dass die Hunde durchaus eine Vorstellung von dem Hund haben, der knurrt.

Wie groß bin ich?

Auch wir wollten wissen, ob der Hund weiß, wie groß er ist. In einem einfachen Pilotversuch stellten wir die Hunde vor folgende Aufgabe: In einem Zaun befanden sich Löcher unterschiedlicher Größe, sodass Hunde unterschiedlicher Größe durchschlüpfen konnten. Auf der anderen Seite der Löcher lag jeweils ein Leckerli.

Ohne zu zögern, schlüpfte der Jack Russell Terrier durch das kleine Loch. Mein Bernhardiner und andere sehr große Hunde machten keinerlei Versuche, mit Gewalt durch das Loch zu schlüpfen. Sie steckten zwar die Nase durch, aber das war es auch schon. Bei einem größeren Loch, durch das sie sich zwängen konnten, taten sie es auch.

Unsere vorläufigen Ergebnisse zeigten zweierlei. Die Hunde haben eine Vorstellung von der Lochgröße, durch die sie hindurchschlüpfen können. Aber die Unterschiede der Lochgrößen müssen deutlich sein. Bei geringen Unterschieden verschätzen sich die Hunde und bleiben hängen. Aus diesen Versuchen schließe ich, dass Hunde eine ungefähre Vorstellung ihrer Größe haben.

Eleganter konnte dies der renommierte Wissenschaftler und Zoodirektor Professor Heini Hediger aus der Schweiz feststellen (→ H. Hediger, Literatur, Seite 236). Rothirschgehege sind oft durch schmale Durchlässe in zwei Bereiche unterteilt, damit die Weibchen während der Brunftzeit Ruhe vor den Hirschen finden können. Der Durchlass ist so schmal gewählt, dass die Hirsche mit ihren großen Geweihen nicht durchkommen. So weit die Idee, aber hin und wieder gab es besonders geschickte Hirsche. Sie manövrierten ihr großes Geweih durch die kleine Öffnung, wobei die einzelnen Bewegungen deutlich verrieten, dass die Ausdehnung des Geweihs erstaunlich fein einkalkuliert wurde. Der Hirsch weiß jederzeit Bescheid über die jeweilige Größe seines Geweihs, das innerhalb eines Jahres von null bis zum Maximum wächst. (Hirsche werfen jedes Jahr ihr Geweih ab.)

Es ist erstaunlich, mit welcher Genauigkeit manche Tierarten ihre Körperdimension zu kennen scheinen, selbst dort, wo sie ihren Blicken entzogen ist. Da juckt sich ein Pferd vorsichtig mit dem Huf am Bauch. Eine Kuh vertreibt mit der Hornspitze eine lästige Fliege, und ein Hund kratzt sich sorgfältig am Ohr. Auch wenn das Wissen um den eigenen Körper noch lange nicht an das Wissen um die eigene Identität und Persönlichkeit heranreicht, gehört es zu den ersten Anklängen eines Selbstverständnisses: Der eigene Körper, seine sichtbaren und unsichtbaren Teile, erhalten einen gesonderten Platz in der inneren Welt, dem Gehirn.

Der eigene Körper – Folgen falscher Körperbilder

Es ist alles andere als selbstverständlich, dass wir unseren Körper als zu uns gehörig empfinden. Eine kleine Störung im Gehirn schaltet diesen Baustein unseres Körperbewusstseins aus. Menschen mit einem Hirntumor können ihre eigenen Gliedmaßen, wie zum Beispiel ein Bein, nicht mehr als das ihrige identifizieren. Weniger bekannt sind solche Fälle, bei denen infolge einer Hirnverletzung der Patient die eine Hälfte seines Körpers als nicht zu ihm gehörend empfindet, und zwar in so entschiedener Weise, dass er nach dem Bad nur die für ihn vorhandene Seite abtrocknet.

Auch bei Tieren kommt es vor, dass sie Teile ihres Körpers als fremd ansehen. Ein Leopard etwa ist hochgradig gefährdet, wenn nach einem Unfall sein Schwanz vorübergehend taub wird. Dann kann es passieren, dass er sich das gefühllose Körperteil einfach abfrisst. Er ist nicht mehr in der Lage, zwischen eigen und fremd zu unterscheiden, und endet in tödlicher Selbstverstümmelung.

Ob Hunde ähnlich empfinden, wenn sie durch ihre Zwangsneurose unaufhörlich ihren eigenen Schwanz zu packen versuchen, ist meines Wissens noch nicht geklärt. Wann immer Besitzer das bei ihrem Hund feststellen, sollten sie es unterbinden, indem sie den Hund ablenken. Falls dies nicht hilft, ist es sinnvoll, einen Profi aufzusuchen, etwa einen Tierarzt, der auf psychische Störungen spezialisiert ist. Es ist lebenswichtig, den eigenen Körper als abgegrenzt von der Umwelt zu erfahren – auch als junger Hund, der erstmals wirbelnd auf seinen Schwanz Jagd macht. Er lernt schnell, das Hineinbeißen zu unterlassen, wenn er seinen Schwanz als eigenes Körperteil wahrnimmt.

Wenn das Gehirn geschädigt wird

Wie Krankheiten das Gehirn eines geliebten Gefährten verändern können, habe ich selbst erlebt. Mein Schäferhund Felix war sehr neugierig, abenteuerlustig und verträglich – sowohl Artgenossen als auch Menschen gegenüber. Angst kannte er nicht. Ich nahm ihn überallhin mit, selbst ins Kino. Er war ein verschmuster Draufgänger, der es liebte, hinter den Ohren gekrault zu werden. Felix hatte auch eine enge Bindung zu meiner Frau. Wir waren ein fröhliches, erlebnishungriges Dreierteam. Was immer wir unternahmen, Felix war dabei. Acht Jahre lebten wir zusammen im Glück, aber dann, an einem Frühsommertag, geschah das Unfassbare.

Felix wurde schwer krank. Er bekam starken Durchfall, konnte keine Nahrung mehr bei sich behalten, hatte hohes Fieber und war so geschwächt, dass er sich kaum bewegen konnte. Die niederschmetternde Diagnose der Tierärzte: Felix litt an der gefährlichen Viruserkrankung Staupe (→ Gut zu wissen, Seite 91). Diese Krankheit verläuft oft tödlich, wenn der Hund nicht dagegen geimpft ist. Doch in jener Zeit gab es keine lebensrettende Impfung.

Meine Frau – ihrerseits als junge Ärztin an der Uniklinik tätig – nahm den Kampf gegen die Krankheit auf. Ihre Mittel waren zu damaliger Zeit sehr begrenzt. Sie kochte Karottengemüse und Suppe in allen erdenklichen Variationen und fütterte den Patienten Löffel für Löffel. Nach einer Woche intensiver Betreuung war der Kot von Felix wieder normal gefärbt. Unser Vierbeiner schien über den Berg und erholte sich rasch. Doch die Freude währte nur kurz.

Etwa vierzehn Tage später passierte es: Meine Frau trank stehend einen Kaffee in der Küche, als Felix aus heiterem Himmel anfing zu knurren. Ich nahm die Bedrohung gar nicht ernst, sondern las in meinem Buch im Wohnzimmer weiter. Küche und Wohnzimmer grenzten aneinander, die Tür war offen. Plötzlich setzte Felix zielgerichtet zum Sprung an, mit der Absicht, meine Frau in die Kehle zu beißen.

Solch einen Angriff eines Hundes auf einen Menschen habe ich bis heute nie wieder gesehen. In allerletzter Sekunde konnte ich Felix am Schwanz packen und ihn von meiner Frau wegziehen. Ich ging auf Felix los und schrie ihn an. Glücklicherweise reagierte er auf mich. Er ließ von seinem Angriff ab. Nach diesem Angriff verhielt sich Felix wieder normal – so, als wenn nichts gewesen wäre. Er ließ sich streicheln, und er genoss das Schmusen. Doch meine Frau war schockiert und enttäuscht. Sie hatte so viel Liebe, Kraft und Empathie in den kranken Felix gesteckt. Sollte dies der Dank sein? Tagelang diskutierten wir, was wohl in Felix vorgegangen ist.

Eine ausgiebige Suche in den unterschiedlichsten wissenschaftlichen Zeitschriften führte uns auf die Spur. Wissenschaftler fanden heraus, dass das Staupe-Virus auch das Gehirn angreifen und schädigen kann. Die Folge sind neurologische Erkrankungen. Ist dies die Erklärung für Felix' Verhalten? Einige Tierärzte waren dieser Meinung und rieten uns, Felix einzuschläfern, weil seine Aggressivität eine schlummernde Zeitbombe sei. Wir konnten es nicht, alles sträubte sich in uns bei diesem Gedanken. Mit einem mulmigen Gefühl im Bauch entschlossen wir uns, mit Felix weiterzuleben.

Er hatte sich aber nach dieser Krankheit sehr verändert. Ein Angriff auf eine Person fand jedoch nie mehr statt. Seine Gelassenheit und Friedfertigkeit anderen Hunden gegenüber hatte er jedoch verloren. Er wurde ängstlicher und aggressiver, und manche Begegnung mit Artgenossen endete in einer Keilerei. Wir liebten ihn trotzdem und waren immer noch ein gutes Team. Wir hatten noch drei Jahre – bis zu Felix' Tod – viel Freude miteinander. Sein Tod war ein Verlust, und wir bedauerten keine Minute, dass wir ihn nicht eingeschläfert hatten.

Heilung in Sicht

Viele Jahre nach meinem Erlebnis mit Felix begegnete ich in den USA Cody, einem Dalmatinerrüden. Von einem Tag auf den anderen veränderte er sein Verhalten und versuchte sich in den Schwanz zu beißen. Jede Einmischung in sein sinnloses Tun beantwortete er mit Knurren und Schnappen. Aus dem friedlichen Schmusehund wurde ein aggressives Tier. Seine Besitzer waren verzweifelt, hatten aber Glück. Sie lebten in der Nähe von Philadelphia, wo Karen Overall forschte. Sie ist eine renommierte Spezialistin für psychische Erkrankungen bei Hunden (→ K. Overall, Literatur, Seite 237).

Ihr Ruf reichte bis nach Deutschland. Wir telefonierten miteinander, und sie erzählte mir von Cody. Volker Arzt und ich drehten gerade die Filmserie »Wenn die Tiere reden könnten«, und Cody passte genau in unser Drehbuch. Eine Woche später drehten wir bei ihr. Karen Overall diagnostizierte bei Cody eine Zwangsneurose und verabreichte ihm deshalb ein

GUT ZU WISSEN

Viruserkrankung Staupe

Die Staupe ist eine hochansteckende Viruserkrankung (Canines Staupevirus). Besonders betroffen sind vor allem ungeimpfte Hunde mit einem geschwächten Immunsystem aufgrund von Krankheiten, Stress oder Alter. Am häufigsten jedoch erkranken ungeimpfte Hunde zwischen drei und sechs Monaten. In vielen Fällen verläuft die Krankheit innerhalb weniger Tage tödlich, und selbst bei überstandener Infektion leiden die Tiere ihr Leben lang unter den Folgen. Seit den 1960ern gibt es eine vorbeugende Impfung, die die Tiere vor dieser schweren Krankheit schützt.

Medikament, das auf die Psyche des Hundes einwirkt. Dieses Psychopharmakon wurde im Tierversuch an Hunden erprobt und konnte schließlich auch bei Menschen mit einer Zwangsstörung erfolgreich eingesetzt werden.

Auch bei Cody zeigte es Wirkung. Nach einigen Tagen trat Besserung ein. Cody lief weniger im Kreis herum und schnappte kaum noch seinen Schwanz. Er wurde zwar vollständig von seiner Zwangsstörung befreit, aber nicht geheilt, denn ohne die Pille würde es unweigerlich zum Rückfall kommen. Ohne das Medikament bricht das chemische Gebäude seines

Auch wenn Momo noch viele Alltäglichkeiten lernen muss, macht er jeden Tag Fortschritte. Seine Neugierde hilft ihm dabei.

Gehirns ein, und er ist ein anderer. Er ist eine andere Tierpersönlichkeit. Das gilt auch für Felix, dessen Gehirn durch unsichtbare, kaum vorstellbare kleine Viren geschädigt wurde.

Mokka, eine alte und neue Hundefreundin

Die Hündin Mokka wohnt für 14 Tage bei uns. Momo kennt Mokka von unseren Spaziergängen. Das ist also kein Problem, denn die beiden verstehen sich. Er schaut nach ihr und sie nach ihm. Sie sind so etwas wie Freunde.

Mokka leckt Momo seine Triefaugen sauber und kümmert sich häufig um sein Äußeres. Er beginnt allmählich, sie zu beschützen. Die beiden tun sich gut. Insgeheim hoffe ich, dass er Mokka einiges abschaut, zum Beispiel das Treppensteigen vom Keller in den Gang des Wohnhauses oder das Betreten eines unbekannten Bachs, um zu trinken.

Es gibt noch so vieles an Alltäglichkeiten, bei deren Bewältigung Momo Schwierigkeiten hat. Jeden Tag fällt meiner Frau und mir auf, wie wenig er in seiner frühen Jugend erlebt haben muss. Und dieser Mangel schlägt sich in seinem Verhalten nieder. Manchmal erinnert mich Momo an die armen Rhesusaffen, die in vollkommener Isolation aufwuchsen und schwere Entwicklungsschäden davontrugen (→ Grausame Versuche, Seite 56). Aber ganz so schlimm ist es bei Momo Gott sei Dank nicht. Meine Hoffnung ist, dass Momo der Hündin Mokka in den kommenden zwei Wochen, die sie zusammen bei uns verbringen werden, viel abschaut, vielleicht einige Verhaltensweisen nachahmt und versteht, was Mokka tut. Das wären weitere wichtige Bausteine für Momos Schritte in ein rundum glückliches Hundeleben.

5

Was du kannst, kann ich auch – Nachahmung

Meine Hoffnung, dass Momo sich vielleicht einiges von Mokka abschaut, ist berechtigt. Denn Freilandbeobachtungen an Vögeln, Delfinen und Affen zeigen: Nachahmung ist im Tierreich weit verbreitet. So wie es auch für uns Menschen ebenfalls elementar ist. Grauganskü-ken beobachten genau, was ihre Eltern fressen. Sie picken anschließend an den gleichen Pflanzen und fressen sie. Bei Menschenaffen hat man gruppenspezifische Speisekarten mit 200 bis 300 verschiedenen Pflanzenarten zusammengestellt und den Tieren angeboten. Auch hier fraßen die Jungen nur die Pflanzen, die auch die Eltern bevorzugten.

Ohne Nachahmung wäre unsere Kultur nicht das, was sie heute ist. Dennoch hat Nachahmung in unserer Gesellschaft keinen hohen Stellenwert. Wir sprechen verächtlich von Nachäffen, obwohl viele Affenarten – außer den Menschenaffen –

dazu kaum in der Lage sind. Zu jeder Form von Nachahmung gehören das Beobachten einer Handlung und deren spätere Wiederholung. Babys mit sechs Wochen können schon Gesichtsausdrücke imitieren. Und das ist erstaunlich. Gesichtsausdrücke zu imitieren, ist schwer, denn der Nachahmende hat keinen visuellen Zugang zu seinem eigenen Verhalten. Er kann fühlen, was er tut, aber er kann sein Verhalten nicht visuell kontrollieren, da er seine eigenen Handlungen nicht sieht. Er benötigt einen Spiegel, und zwar einen im Kopf, der seinem geistigen Auge sein Gesicht zeigt.

Nachahmen bedeutet nichts Geringeres, als dass man sich bis zu einem gewissen Grad in den anderen hineinversetzen kann; nicht in das, was er denkt und fühlt, sondern in das, was er tut. Wer durch Zuschauen lernt, muss sich in irgendeiner Weise mit den Aktionen des anderen identifizieren. Die Fähigkeit, etwas nachzuahmen, ist in die großen Strategien des Problemlösens einzureihen.

Wer etwas abschaut und nachahmt, erspart sich das eigene Lernen durch »Versuch und Irrtum«, und er umgeht das abwägende Durchspielen im Kopf. Stattdessen werden ihm Lösungen vorgespielt. Man braucht sie nur zu imitieren. Aber was heißt da »nur«? Nachahmen setzt erstens voraus, dass man wahrnimmt, was der andere tut, und zweitens, dass man diese Handlungsweisen in eigene Handlungsweisen überträgt. Man schließt vom anderen auf sich selbst. Diese Fähigkeit ist, wie schon erwähnt, dem Menschen in die Wiege gelegt.

Nachahmen von Gesichtsausdrücken

Schon wenige Stunden nach der Geburt beginnen die Säuglinge, Gesichtsausdrücke nachzuahmen. Und 14 Monate später können Säuglinge Handlungen imitieren, die sie vier Monate zuvor beobachtet haben, sogar, wenn es sich um so verrückte Dinge handelt wie eine tiefe Verbeugung mit dem Oberkörper (→ M. Hauser, Literatur, Seite 236).

Andrew M. Meltzoff und M. K. Moore führten folgende Experimente durch (→ Meltzoff/Moore, Literatur, Seite 236): Sie ließen einen Säugling beobachten, wie zwei Erwachsene nacheinander verschiedene Gesichtsausdrücke präsentierten. So kam zum Beispiel Fred herein und streckte die Zunge seitlich aus dem Mund. Anschließend kam Joe und spitzte den Mund. Das Baby nuckelte die ganze Zeit an seinem Schnuller und konnte nicht sofort imitieren. 24 Stunden später betrat Joe die Szene und blieb ausdruckslos vor dem Baby stehen: Der Säugling spitzte die Lippen. Dann kam Fred, und der Säugling streckte die Zunge seitlich aus dem Mund. Man könnte meinen, er wollte Joe sagen: »He, du bist doch der Lippenspitzer.«

Konnten die Babys die Welt des Vorführers in diesem Augenblick erfassen? Konnten sie Handlungen und Absichten erkennen? Um dies herauszufinden, führte Meltzoff folgende Versuche durch: Die eine Gruppe von Kindern beobachtete einen Erwachsenen, der mit einem Gegenstand, zum Beispiel einer Flasche, hantierte, ohne dass sein Handeln in eine erfolgreiche oder erfolglose Manipulation an dem betreffenden Objekt mündete. Er öffnete das Gefäß nicht. Er strich lediglich mit dem Handrücken über das Gefäß. Das Gleiche taten die Kinder. Ersetzte man den Menschen durch einen Roboter, der das Gleiche tat wie der Mensch im vorherigen Versuch, so taten die Kinder nichts und machten auch keinen Versuch, das Gefäß zu öffnen. Aus diesem Ergebnis folgerte Meltzoff, dass Kinder einen Menschen als Vorführer brauchen, dessen Absichten sie erkennen und ihr eigenes imitierendes Verhalten zugrunde legen. Ziele und Absichten des Handelnden zu erkennen, ist demzufolge bei Kleinkindern integraler Bestandteil des Nachahmungsprozesses.

Kann Momo nachahmen?

Ich weiß es noch nicht genau, aber ich sehe einen Silberstreifen am Horizont. Heute Morgen ging er nach vier Monaten, ohne Aufforderung meinerseits, allein die Treppe vom Keller in den Hausgang. Seine Hundefreundin Mokka ging vor. Ob Momo wirklich nachgeahmt hat, weiß ich noch nicht, denn Nachahmen ist oft schwer zu beurteilen. Diese Verhaltensweise tritt selten allein auf, sondern ist mit anderen Verhaltensweisen verwoben. Einige Verhaltensweisen können angeboren sein, wieder andere erlernt. Eine klare Grenze zwischen den einzelnen Verhaltensweisen zu ziehen, ist schwierig. Im Falle Momo glaube ich an Nachahmung. Was soll angeboren oder erlernt sein beim Treppensteigen? Mokka und Momo mögen sich. Das sieht jeder, der mit ihnen spazieren geht. Mokka führt Momo ein in die Hundewelt, warum sollte er sie also nicht auch imitieren?

Gibt es bevorzugte Imitationspartner?

Vor einigen Jahren diskutierte ich mit jungen Menschen im Freiburg-Seminar (einer Einrichtung des Landes Baden-Württemberg) die Frage: Haben Hunde womöglich einen bevorzugten Partner, von dem sie etwas imitieren? Es war eine hitzige Diskussion, und wir waren uns einig, dass nur Experimente darauf eine Antwort geben können. Wir bildeten zwei Gruppen von Hunden: Die erste Gruppe spielte häufig zusammen, ging täglich gemeinsam spazieren. In der zweiten Gruppe

Die größte Belohnung für Momo sind freundliche Worte und ausgiebige Streicheleinheiten.

kannten sich die Hunde nur durch zufällige Begegnungen beim Spaziergang, aber sie interagierten nicht miteinander.

Beiden Gruppen wurde die gleiche Aufgabe gestellt. Sie mussten Knobelaufgaben lösen, zum Beispiel eine manipulierte Ein-Liter-Plastikflasche umwerfen. Aber die Flasche hatte es in sich, an ihrem unteren Ende war ein zehn Zentimeter breiter Pappsaum angeklebt – es sah aus wie bei einem Zylinderhut. Die Flasche ließ sich also nicht so einfach umwerfen. Ein Nasenstüber reichte nicht aus. Verhängnisvoll war auch, wenn die Hunde auf die Krempe traten, dann hatten sie keine Chance. Diese Schwierigkeiten waren beabsichtigt, um wirklich feststellen zu können, ob der Zuschauer-Hund lernt. Hatte der Hund die Aufgabe gelöst, dann wurde in zwei Metern Entfernung ein Drahtkorb hochgezogen, unter dem sich ein Leckerli befand, das der Hund als Belohnung holen und fressen konnte. Sowohl Flasche als auch Drahtkorb waren im Blickfeld des handelnden und des beobachtenden Hundes. Unsere Ergebnisse waren eindeutig: Hunde, die ihrem befreundeten Partner bei der Lösung des Problems zusahen, lösten die Aufgabe schneller und auch deutlich schneller als die Kontrollgruppe der Nichtfreunde. Weitere Knobelaufgaben, in denen ein Hund von einem Freund oder Nichtfreund beim Lösen des Problems beobachtet wurde, waren zum Beispiel folgende: ein Tuch, auf dem Futter lag, aus einem umgedrehten Fahrradkorb zu ziehen, oder eine Holzklammer aus einer Wasserschale zu fischen. Auch bei diesen Versuchen waren die Ergebnisse eindeutig. Befreundete Hunde lösten die Aufgabe schneller.

Fazit: Hunde, die untereinander vertraut sind, imitieren sich häufiger als diejenigen von Zufallsbegegnungen. Der Vertrautheitsfaktor scheint also eine wichtige Rolle bei der Imitation zu spielen.

Und das ist unser Problem mit Momo. Er muss erst Vertrauen zu uns und die für ihn fremde Welt aufbauen. Dieses Ergebnis war zu erwarten, denn man versetzt sich leichter in eine Person hinein, die einem vertraut ist, als in eine fremde.

Nachahmen mit Kopf – Konzepte verstehen

Hunde sind aber nicht nur sture Nachahmer, sondern überlegen auch dabei. Denn bevor sie etwas nachahmen, machen sie eine Güterabwägung im Kopf, ob das, was sie imitieren, für sie auch von Nutzen ist. Diesem schlauen Gedankenspiel kam Friederike Range von der Universität Wien mit ihren Experimenten auf die Spur (→ F. Range, Literatur, Seite 237).

Sie trainierte einen Border Collie darauf, mit der Pfote an einem Holzstrick zu ziehen, um so eine Kiste mit Futter zu öffnen. Das Training war nötig, weil im Regelfall die Hunde den Holzstrick in das Maul nahmen, um daran zu ziehen, und nicht die Pfote benutzten. Nun konnte das Experiment beginnen: Friederike Range bildete zwei Gruppen von Hunden. Die erste Gruppe beobachtete den Border Collie, wie er mit der Pfote den Holzstrick bewegte. Wie zu erwarten, ahmten die Beobachter den Hund nach und bewegten den Holzstrick mit der Pfote. Die zweite Gruppe beobachtete den gleichen Hund bei der gleichen Tätigkeit, der aber nun noch zusätzlich einen Ball im Maul hatte. Was würden die Beobachter machen? Sie nahmen den Holzstrick ins Maul und nahmen nicht die Pfote zu Hilfe. So, wie es Hunde im Regelfall machen. Sie ahmten also den Vorführer nicht bedingungslos nach, sondern nur dann, wenn sein Vorbild zwingend notwendig zum Erreichen des Ziels erschien. Sie erkannten, dass derjenige, der einen Ball im Maul hat, gar nicht anders kann, als die Pfote zu benützen, also braucht man ihn in diesem Punkt nicht zu imitieren. So in etwa interpretierte Friederike Range ihre Ergebnisse.

Forscher des Max-Planck-Instituts in Leipzig trauten den Hunden so viel Intelligenz nicht zu und wiederholten Ranges Versuche mit einer, wie sie meinten, kleinen Veränderung. In dem Versuchsteil, in dem der Border Collie, der die Aktion demonstrierte, keinen Ball im Maul hatte, hängten die Forscher einen Ball neben dem Holzstrick auf. Der Ball blockierte also nicht die Schnauze, die Beobachter-Hunde hätten also auch hier annehmen können, dass der Collie einen Grund hatte, seine Pfoten zu benutzen. Aber auch diese Hunde verwendeten danach eher die Schnauze als die Pfote. Offenbar bewirkte allein der Ball, egal, wo er sich befand, dass die Hunde die Schnauze benutzten. Wie der wissenschaftliche Streit ausgeht, werden weitere Versuche entscheiden.

Fest steht für mich, dass Hunde imitieren können. Wie selektiv sie dabei vorgehen, scheint noch nicht eindeutig geklärt zu sein. Aber hat der Hund auch tatsächlich ein Wissen von seinem Handeln?

Weiß ein Hund, was er tut?

Das ist eine Frage, die mich schon immer interessiert hat, an die ich mich aber experimentell nie gewagt hätte. Der Zufall hat mir Mut gemacht. Während unserer Nachahmungsexperimente beobachteten wir Folgendes: Die Hündin Cora, eine Schweizer Entlebucherdame, hatte den Trick heraus, wie man die vorhin erwähnte Wasserflasche umwirft, und Tango, ein Labradorrüde, hatte ihr dabei zugeschaut. Als Tango die Flasche manipulierte, konnte sich Cora von ihrem Frauchen Charlotte befreien, verteidigte zähnefletschend die Flasche und ließ Tango nicht an diese heran. Cora ist im Allgemeinen sehr futterneidisch, und das machte mich stutzig. Warum verteidigt sie nicht das Leckerli unter dem Drahtkorb? Weiß sie womöglich, dass man erst dann die Belohnung bekommt, wenn man die Flasche umgeworfen hat? Wir waren elektrisiert.

Noch am gleichen Tag führten wir einen anderen Versuch durch. Charlotte warf vor den Augen ihrer Hündin Cora die Flasche um. Cora rannte zur Flasche, schnupperte kurz, stutzte und starrte auf Charlotte, ging aber nicht zum Drahtkorb, unter dem das vermeintliche Leckerli lag. Das verstärkte unseren Verdacht. Hat Cora begriffen, dass sie eine Aufgabe lösen muss, bevor sie ein Leckerli bekommt – egal, um welche Aufgabe es sich handelt? Hat sie womöglich das Prinzip begriffen: »Löse eine Aufgabe, und du bekommst eine Belohnung«? In unzähligen Versuchen und deren Kombinationen gingen wir der Frage nach. Und aus all unseren Versuchen können wir den Schluss ziehen, dass Hunde wissen, was sie tun. Diese Versuche haben uns die Hunde nähergebracht, wir verstehen jetzt besser, was in ihrem Kopf vor sich geht, und jeder, der Hunde mit wachem Verstand beobachtet, zieht den Hut.

Mokka geht nach Hause – erster Abschied

Doris, die Hundefreundin, hat Mokka wieder abgeholt. Mokka und Momo verstanden sich gut. Durch sie, glaube ich, verlor er seine Scheu, aus einem Bach oder Weiher zu trinken. Aber ob Momo Mokka imitierte, daran habe ich meine Zweifel. Er lebt in seiner eigenen Welt und muss vermutlich erst die vielen neuen Eindrücke verarbeiten. Mokka war schon häufig auf Besuch bei uns, es ist ihr zweites Zuhause, welches sie gegen Fremde verteidigt. Wann immer jemand an der Haustür erscheint, ertönt ein lautes Bellkonzert. Das war für Balu, meinen früheren Bernhardiner, das Zeichen, in das Konzert einzustimmen. Wer jetzt lebensmüde gewesen wäre, hätte versucht, die Tür zu öffnen. Er hätte es bereut. Momo verhält sich anders. Er rennt zwar zur Tür, wenn Mokka hinrennt und bellt. Aber er gibt keinen Ton von sich. Er schaut neugierig durch die Glastür, doch das reicht, um Menschen abzuschrecken.

Es gab nie Futterneid, wenn die beiden Tiere in großem Abstand fraßen. Momo hat einen festen Tagesrhythmus im Kopf, an dem er gern festhält. Man hat den Eindruck, diese festen Strukturen geben ihm Halt. Bei keinem meiner Hunde hatte ich jemals so ein festes Korsett gesehen. Vielleicht ist es zur Nachahmung noch zu früh, er benötigt noch Zeit. Wenn man sich klarmacht, welche Prozesse beim Nachahmen im Gehirn ablaufen, kann man sich das gut vorstellen. Erst seit wenigen Jahren versteht man langsam die Prozesse.

Das Rätsel der Nachahmung

Was sich im Gehirn beim Nachahmen abspielt, war Forschern lange ein Rätsel. Anfang der 1990er-Jahre machten Giacomo Rizzolatti und seine Kollegen eine sensationelle Entdeckung.

Sie untersuchten, welche Prozesse im Gehirn von Makaken ablaufen, wenn diese mit der Hand ein Objekt ergreifen. Dazu war es nötig, die elektrische Aktivität einzelner Nervenzellen im Gehirn zu messen. Nur so konnten sie feststellen, welche Nervenzellen an der Handlung beteiligt sind.

Ziel war es, die Schaltkreise an diesem Vorgang zu entschlüsseln. Auf einem Computerbildschirm konnten sie die Aktivitäten verfolgen. Nach einiger Zeit bemerkten sie etwas Befremdliches: »Nahm einer von uns Menschen ein Stück Obst, dann registrierten wir auf dem Monitor die gleichen Nervensignale vom Affenhirn wie vorher, wenn das Tier selbst tätig war. Natürlich dachten wir an eine banale Fehlerquelle.« (→ G. Rizzolatti, Literatur, Seite 237). Aber das war nicht der Fall. Als Erklärung blieb nur: »Es muss sich um eine echte Repräsentation der gesehenen Bewegung handeln, obgleich der Affe sie gar nicht selbst ausführte.«

Imitations-Experimente

Das war der Startschuss für ausgeklügelte und raffinierte Experimente, um der Imitation auf die Spur zu kommen. Und die zufällige Beobachtung wurde durch Versuchsreihen bestätigt. Immer wieder zeigte sich das gleiche Ergebnis: Beobachtete ein Makake einen anderen, wie er zum Beispiel eine Traube mit Fingern und Arm hochhob, so feuerten in seinem Gehirn die Nervenzellen an der gleichen Stelle wie bei demjenigen, der die Handlung ausführte.

Die Forscher gaben diesen Zellen eine besondere Bezeichnung. Sie nannten sie Spiegelneuronen, weil diese Zellen die beobachtete Verhaltensweise unmittelbar widerspiegeln (→ Gut zu wissen, Seite 106). Nun stellte sich die Frage: Was können Spiegelzellen? Können sie eine gesehene Bewegung nur zur Kenntnis nehmen, oder steckt mehr dahinter? Haben sie womöglich in unserem Kopf die Funktion, eine Aufgabe zu verstehen, oder ermöglichen sie, die Absichten anderer Individuen herauszufinden, indem sie deren Handlung mental simulieren? Spannende Fragen und spannende Experimente. Die Forscher stellten die Tiere vor folgende Testsituation: Der Affe beobachtete, wie ein Wissenschaftler die Hand nach einem Leckerbissen ausstreckte, den er dann vom Tisch ergriff. Wie erwartet, feuerten die Nervenzellen im Gehirn des Affen.

Im zweiten Versuch lag der Gegenstand hinter einem undurchsichtigen Schirm. Der Affe sah nur, wie die Hand begann, nach dem Leckerli zu greifen, und hinter dem Schirm verschwand. In diesem Fall feuerten nur bei der Hälfte der Affen die Spiegelneuronen. Was war passiert? Handelte es sich um einen Fehler im Versuchsdesign?

Die Antwort gaben die Wissenschaftler durch ein Experiment: Zeigte man dem Affen einen leeren Tisch, stellte dann einen Schirm davor und machte die gleiche Bewegung wie zuvor, dann reagierten die Nervenzellen auf die Bewegung nicht. Sie blieben stumm.

Dieses Resultat erlaubte folgende Interpretation: »Weiß der Affe, dass sich hinter der Sichtblende ein Leckerbissen versteckt, dann feuern seine Spiegelneuronen, wenn nicht, bleiben sie stumm.« Die Forscher ziehen aus all ihren Experimenten den Schluss: Spiegelneuronen dienen dem Begreifen und Verstehen von Verhalten.

Das menschliche Gehirn

Befinden sich im Gehirn des Menschen auch Spiegelneuronen, die uns über die Absichten des anderen etwas verraten? Dies herauszufinden, war nicht so ganz einfach, weil man dem

Menschen aus reinen Forschungszwecken keine Elektroden ins Gehirn implantieren kann, um die einzelnen Ströme der Nervenzellen zu messen. Das verbietet die Ethik. Man benötigte neue, bildgebende Verfahren, um die Aktivitäten der Neuronen sichtbar zu machen.

Marco Lacoboni und seine Kollegen von der Universität von Kalifornien in Los Angeles fanden eine Lösung des Problems. Mittels funktionaler Kernspintomographie kamen sie den Spiegelneuronen auf die Spur. Die Ergebnisse ihrer Versuche bestätigen, dass auch beim Menschen die Absicht einer Handlung in den Spiegelneuronen codiert ist. Damit wurde ein großer Schritt im Verständnis der Imitation getan (→ M. Lacoboni, Literatur, Seite 236). Beim Gefühl des Ekels konnten französische Forscher eindrucksvoll die Rolle der Spiegelneuronen

GUT ZU WISSEN

Spiegelneuronen

Spiegelneuronen sind bestimmte Nervenzellen (Neuronen) im Gehirn, die aktiviert werden, wenn man eine Handlung durchführt, sie beobachtet oder über sie nachdenkt. Sie machen Menschen und Tiere zu sozialen Wesen, denn ohne die Spiegelneuronen wäre es nicht möglich, sich in andere hineinzuversetzen und etwa Mitgefühl zu zeigen. Außerdem sind sie wichtig für das Lernen durch Nachahmung. Das erste Mal beschrieben wurden die Spiegelzellen 1992 von Giacomo Rizzolatti und seinem Team, die sie bei Makaken, einer Primatengattung, nachweisen konnten.

demonstrieren. Die Forscher machten folgenden Test: Sie ließen Versuchspersonen an verdorbenen, fauligen Speiseresten riechen, und während sie dies taten, wurden von ihnen Gehirnströme abgeleitet. Dann zeigte man den Personen einen Film, wie eine andere Person an etwas Fauligem roch. Und siehe da, die gleichen Spiegelneuronen feuerten wie im vorherigen Experiment, obwohl sie gar nichts riechen konnten. Der Anblick einer Person im Film genügt, um das Gefühl des Ekels zu erzeugen. Aber vermutlich spielen bei diesem Gefühl nicht nur Spiegelneuronen eine Rolle, sondern auch kognitive Prozesse wie Erfahrung, Gedächtnis und Einschätzen der Situation.

Die Forscher um Giacomo Rizzolatti sind der Auffassung, dass der Spiegelmechanismus eine Grundlage darstellt, aus der Empathie erwächst. Unter Empathie versteht man die Bereitschaft und Fähigkeit, sich in die Vorstellungswelt anderer Individuen hineinzuversetzen. Dass Tiere dazu in der Lage sind, daran habe ich keine Zweifel, und ich befinde mich in bester Gesellschaft.

Der renommierte Primatologe Frans de Waal belegt dies in seinem Buch »Primaten und Philosophen« eindrücklich durch viele Beispiele (→ F. de Waal, Literatur, Seite 235). Er schreibt: »Es liegt auf der Hand, dass das Überleben oft davon abhängt, wie sich Tiere innerhalb ihrer Gruppe verhalten, und zwar im kooperativen (zum Beispiel konzertierte Aktionen, Informationstransfer) als auch im konkurrierenden Sinne (zum Beispiel Dominanzstrategien). Kognitive Spitzenleistungen sollte man also im sozialen Bereich erwarten.

Die Selektion muss Mechanismen begünstigt haben, die es ermöglichen, die emotionalen Zustände anderer zu bewerten und rasch darauf zu reagieren. Die Empathie ist genauso ein Mechanismus.«

6

Starke Gefühle

Die letzten drei Hunde, die in unser Haus einzogen, waren Bernhardiner. Wisla, die Bernhardinerdame, kam aus Dänemark, Balu war ein waschechter Bernhardiner und kam als Hundekind aus der Schweiz, und Momo holten wir in Norddeutschland. Alle drei sind und waren ausgeprägte Persönlichkeiten. Wisla wurde in Polen geboren, verbrachte ihre frühe Kindheit dort und wurde an eine dänische Familie verkauft. Obwohl Marianne und Kim Wisla liebten, mussten sie das Bernhardinermädchen abgeben, denn sie waren mit der Betreuung und Fürsorge für ihr körperlich und geistig behindertes Kind vollkommen ausgelastet. Ich war die Lösung für sie. Eine gute Freundin von mir erzählte ihnen von meiner Liebe zu Hunden, insbesondere zu Bernhardinern. Sie versuchten ihr Glück und riefen mich an. Viele Jahre hatte ich keinen Bernhardiner mehr, aber sie begleiteten mich in meiner Jugend und Studienzeit. Die treuen Gefährten halfen mir, die schweren Hürden des Lebens zu nehmen. Ohne sie wäre ich nicht das geworden, was ich heute bin. Ein glücklicher und zufriedener Mensch. Sie erzählten mir von Wisla und rannten offene Türen ein. Wir hatten aber schon einen Hund. Robby, einen Golden Retriever. Er war der Liebling der Familie und nicht kastriert. Wisla war auch nicht kastriert, und Hundekinder wollten wir nicht. Die Kastration eines Tieres befürworten wir nur aus tiermedizinischen Gründen. Was tun?

Die Bernhardinerhündin Wisla

Wisla zog bei uns ein. Marianne und Kim brachten Wisla mit dem Auto nach Freiburg. Den Abschied von Wisla und Kim werde ich nie vergessen. Kim hatte Tränen in den Augen und konnte sich kaum trennen. In diesem Augenblick spürte ich, wie sehr diese beiden Lebewesen aneinander hingen.

Robby und Wisla verstanden sich, aber Robby war nicht Wislas Typ. Wenn sie läufig wurde, wehrte sie Robby ab. Nachwuchsprobleme hatten wir keine. Es dauerte, bis sich Wisla an ihr neues Leben gewöhnte und eine feste Bindung zu uns aufbaute. Ich denke, man muss jedem Lebewesen diese Zeit einräumen. Zwei Jahre später besuchten Marianne und Kim uns in Freiburg. Wie würde Wisla reagieren? Als Wisla Kim und Marianne in einer Entfernung von 30 Metern entdeckte, stutzte sie und blieb stehen. Kim rief sie auf Dänisch beim Namen. Wisla ging vorsichtig einige Meter auf die beiden zu, machte dann aber, wie von der Tarantel gestochen, kehrt und rannte zum Auto. Sie hatte Marianne und Kim erkannt, wollte aber nichts mehr mit ihnen zu tun haben. Als ich Wisla anleinte und sie zu den beiden zurückführte, schaute sie in eine andere

Richtung. Und als Kim sie streicheln wollte, duckte sie sich weg. Diese Verhaltensweise kannte ich bis dahin von keinem meiner Hunde. Wisla war immer für eine Überraschung gut.

Nach dem Urlaub

Szenenwechsel. Schweren Herzens kehrten wir aus der Serengeti in Afrika zurück, einem der tierreichsten Orte der Erde. Und dennoch freuten wir uns auf unsere Vierbeiner – nicht so Wisla. Mit grimmigem Gesicht, gefletschten Zähnen und knurrend kam sie auf mich zu. Ich war fassungslos, aber nicht ängstlich, blieb stehen und redete mit liebkosenden Worten auf Wisla ein, wich aber keinen Zentimeter zurück, um ihre Aggression zu mindern. Es half nichts. Meine Frau hatte die besseren Karten. Sie wurde freudig begrüßt.

War dieses aggressive Verhalten gegen mich ein Machtspiel? Einige Hundetrainer sind dieser Meinung. Oder war es die Wut und Enttäuschung, dass ich sie so lange allein gelassen hatte? Nach etwa fünf bis zehn Minuten war Wisla nicht wiederzukennen. Aggression wandelte sich in Zärtlichkeit. Sie leckte mich an den Händen, sabberte mir ins Ohr und sprang um mich herum. Wir waren wieder ein Herz und eine Seele.

Jedes Jahr, wenn wir aus der Serengeti zurückkehrten, erlebten wir das gleiche Schauspiel. Nach meiner Auffassung war Wisla enttäuscht, dass ich sie allein ließ. Wisla hatte mich vermisst und litt darunter. Da sie zu mir die stärkste Bindung hatte, wurde meine Frau verschont. Wislas Gefühle befanden sich im Zwiespalt. Einerseits die Freude des Wiedersehens, andererseits die Wut des Verlassenwerdens. Nur bis zum Schwanz reichte ihre Wut nicht, denn der verriet etwas anderes – nämlich Freude. Sie wedelte mit dem Schwanz während ihres Aggressionsausbruchs. Man sah ihr den Konflikt an. Währenddessen sprach ich mit ihr, bis sich der Knoten löste. Nach etwa zehn Minuten war der Spuk vorbei, und ihr Wutgefühl verflüchtigte sich. Das Verlassenwerden war für Wisla ein großes Problem, obwohl während unserer Abwesenheit nur Personen in unser Haus zogen, die sie mochte. Vielleicht hat das Verlassenwerden von Kim – der Bruch ihrer ersten engen Bindung – ein schweres Trauma hinterlassen.

Sympathie und Antipathie

Wisla hat mir Türen in die Gefühlswelt der Hunde geöffnet. Sie half mir, Momos Verhalten besser zu verstehen und bei der Interpretation mancher Reaktionen von Momo vorsichtig zu sein. Sie beantwortete mir die Frage, ob Sympathie und Antipathie bei der Fortpflanzung von Rüden und Weibchen eine Rolle spielen. Wisla war alles andere als ein triebgesteuerter Roboter, der keine Wahl- und Entscheidungsmöglichkeiten hat. Wisla wies Robby zurück. Sie ließ sich nicht von ihm decken. Ein Rüde in der Nachbarschaft war der Auserwählte. Wenn wir an seinem Haus vorbeigingen, jaulte Wisla vor Freude. Beide beschnupperten sich durch den Zaun und wedelten mit dem Schwanz. Kein Zweifel, sie mochten sich. Die gegenseitige Zuneigung dauerte ihr ganzes Leben lang.

Oxytocin – das Bindungshormon

Bei Säugetieren, wie auch beim Menschen, ist das Hormon Oxytocin der emotionale Kitt, der Eltern und Kinder verbindet und Paare zusammenhält. Grundlage dieser Schweißnaht ist das Vertrauen. Signalisiert ein Fremder uns gegenüber friedliche Absichten, verstärkt es unsere Neigung, ihm zu vertrauen. Unser Gehirn reagiert auf die freundlichen Signale, indem es das Hormon Oxytocin im Gehirn bildet. Zudem ist Oxytocin auch der hormonelle Sanftmacher, denn es reduziert die Aggression in einem Organismus. Kein Wunder, dass man diesen Stoff in höheren Konzentrationen im Blut der Frauen findet. Aber nicht nur wir Menschen reagieren auf die freundlichen Signale mit einem Anstieg von Oxytocin, sondern auch unsere Verwandtschaft – vom Schimpansen bis zur Maus.

Schau mir in die Augen, Kleines

Japanische Forscher ließen 30 Herrchen und Frauchen eine halbe Stunde mit ihren Hunden spielen und schmusen. Eine Gruppe bekam den Auftrag, möglichst intensiven Blickkontakt mit ihren Tieren aufzubauen. Vorher und nachher maßen sie den Oxytocin-Gehalt im Urin von Menschen und Hunden. Die Auswertung war überraschend, denn bei den Menschen und Hundepaaren, die sich am längsten in die Augen sahen, wurde ein deutlich höherer Oxytocin-Spiegel gemessen. In einer Kontrollgruppe mit Pflegern und von der Hand aufgezogenen Wölfen fehlte dieser Effekt, obwohl die Wölfe mit den Menschen sehr vertraut waren. In mir keimt die Idee, zusammen mit Kollegen die Oxytocin-Werte im Blut von Momo unter verschiedenen Bedingungen zu messen. Vielleicht ist es ein Höhenflug, aber ein äußerst spannender. Wir werden sehen ...

Mit Momo zusammenzuleben, ist für mich eine Bereicherung. Es vergeht kein Tag, an dem ich mich nicht frage, was in seinem Kopf vor sich geht. So viel ist sicher: Momo ist ein friedlicher, äußerst lieber Bernhardiner-Riese. Ich möchte ihn nicht missen, obwohl ich vieles von seiner Vergangenheit nicht weiß und einige Verhaltensweisen nicht verstehe. Aber was nicht ist, kann ja noch werden. Für mich steht jedenfalls fest: Momo ist eine sympathische Hundepersönlichkeit.

7

Wir alle sind Persönlichkeiten

Ich scheue mich nicht, Tieren Persönlichkeitsmerkmale zuzuschreiben, obwohl die Wissenschaft damit lange Zeit Schwierigkeiten hatte. Wenn wir Tiere als Persönlichkeiten ansehen, müssen wir sie anders behandeln. Wir sollten begreifen, dass sie keine Automaten oder anonyme Geschöpfe sind, sondern einzigartige Lebewesen, die mit dem Menschen viele Eigenschaften des Lebens teilen. Wer zu einem Tier ein persönliches Verhältnis hat und wer sich mit ihm als einem lebenden Mitgeschöpf identifiziert, wird ihm gerechter. Personifizierung ist der Schlüssel zum Verständnis von Tieren. Sie öffnet das Fenster in deren Gefühlswelt, und gleichzeitig weckt sie auch in uns positive Gefühle. Ausdruck dieser Gefühle ist häufig die Namensgebung. Aus dem Nobody wird ein Balu oder ein Momo – in unserem Kopf entsteht eine Persönlichkeit.

Mit Namen sind unweigerlich Gefühle verbunden. Wer den Namen Nelson Mandela, Mutter Teresa oder Hitler hört, verbindet damit eine Person, die sich für das Wohl der Menschen einsetzt oder ein grausamer Massenmörder ist wie Hitler.

Die Erforschung der Persönlichkeit der Tiere ist heute kein Tabu mehr, sondern hat als Studienfeld Konjunktur. Laborversuche und Freilandbeobachtungen brachten in den vergangenen Jahren verschiedene Charakter- und Temperamentstypen bei mehr als 100 Tierarten zum Vorschein: bei Hyänen, Bären, Affen ebenso wie bei Tintenfischen, Meisen, Stichlingen und sogar Läusen.

Was ist Persönlichkeit?

Nun wird es Zeit zu klären, was man unter Persönlichkeit versteht. Fragen wir einen Fachmann. Der Verhaltensphysiologe und Hirnforscher Gerhard Roth schreibt in seinem Buch »Persönlichkeit, Entscheidung und Verhalten« (→ G. Roth, Literatur, Seite 237): »Menschen zeigen in dem, was sie tun, ein zeitlich überdauerndes Muster. Dies nennen wir ihre Persönlichkeit. Sie ist eine Kombination von Merkmalen des Temperaments, des Gefühlslebens, des Intellekts und der Art, zu handeln, zu kommunizieren und sich zu bewegen. Personen unterscheiden sich gewöhnlich untereinander in der Art dieser Kombinationen. Zur Persönlichkeit gehören insbesondere die Gewohnheiten, das heißt, die Art und Weise, wie sich eine Person normalerweise verhält.«

Die Big Five – fünf Merkmalskomplexe

Ein erster, aber wichtiger Schritt war die Erkenntnis, nicht individuelle Persönlichkeitsmerkmale für sich alleinstehend zu bestimmen oder zu messen, sondern zu fragen, in welchen Persönlichkeitsmerkmalen Menschen sich quantitativ und qualitativ voneinander unterscheiden.

Jahrelang suchten Forscher aus gängigen Lexika alle nur erdenklichen Wörter, mit denen menschliche Eigenschaften beschrieben wurden. Immer und immer wieder wurden ähnliche und umschreibende Begriffe verworfen, um Ausdrücke zu finden, die die Grundmerkmale der Persönlichkeit beschreiben. Aus der Vielzahl der Wörter und Begriffe blieben fünf Merkmalskomplexe übrig. Man nennt sie die »Big Five«.

Sie konnten im Amerikanischen, Deutschen, Holländischen, Polnischen, Tschechischen, Kroatischen, Türkischen, Ungarischen, Französischen und Italienischen gefunden werden, was für einen kulturübergreifenden Geltungsbereich spricht (→ Ostendorf und Angleitner, Literatur, Seite 236). Die Mehrzahl der Psychologen und Verhaltensforscher sind der Auffassung, dass durch sie die Persönlichkeit am ehesten beschrieben wird. Diese fünf Merkmalsbereiche oder Verhaltensdimensionen sind durch die Angaben ihrer gegensätzlichen Extremformen charakterisiert, zwischen denen es viele Abstufungen gibt.

1. Verträglichkeit – Unverträglichkeit: Sie bezeichnet im positiven Sinne die Eigenschaften mitfühlend, nett, bewundernd, herzlich, warm, großzügig, vertrauensvoll, hilfsbereit, nachsichtig, kooperativ, feinfühlig – und im negativen Sinne: kalt, unfreundlich, streitsüchtig, hartherzig, grausam und auch knickerig.

2. Extraversion – Introversion: Die Person ist selbstsicher, energisch, offen, dominant, sozial und abenteuerlustig – und in ihrer negativen Ausprägung: reserviert, still, scheu und zurückgezogen.

3. Offenheit – Verschlossenheit: Der Mensch ist breit interessiert, originell, wissbegierig, begeisterungsfähig, neugierig – im negativen Sinne: wenig interessiert, hat Angst vor Neuem, ist intellektuell eng, einseitig.

4. Emotionale Stabilität – emotionale Instabilität (= Neurotizismus): selbstsicher, wenig anfällig für Zweifel und negative Gefühle, stabil – und negativ betrachtet: instabil, mutlos ängstlich und schnelles Resignieren.

5. Gewissenhaftigkeit – Nachlässigkeit: positiv gesehen: organisiert, sorgfältig, planend, berechenbar – und negativ gesehen: unorganisiert, sorglos, zerstreut, unzuverlässig und unordentlich.

Die Persönlichkeitsforscher sind sich durchaus bewusst, dass es jeweils unzählige Unterschubladen und fließende Übergänge gibt und dass diese Kategorisierung rein quantitativ und statistisch gewonnen wurde. Über die neurobiologischen Vorgänge in unseren Köpfen sagt es aber nichts aus. In der Persönlichkeitsforschung des Menschen hat man in den letzten Jahren große Fortschritte gemacht, sodass man innerhalb der Psychologie einen eigenen Forschungszweig, die Persönlichkeitspsychologie, geschaffen hat.

Die Persönlichkeit von Mensch und Tier

Persönlichkeit gibt es aber nicht nur bei Personen; andere Lebewesen sind genauso unverwechselbare Individuen wie wir. Der amerikanische Psychologe Samuel D. Gosling von der Universität von Kalifornien in Berkley sieht weitgehende Parallelen zwischen der Persönlichkeit der Tiere und der des Menschen: »Ein introvertierter Mensch verzieht sich auf einer Party allein in eine Ecke, ein schüchterner Tintenfisch versteckt sich in seiner Tintenwolke.« (→ S. D. Gosling, Literatur, Seite 235)

Jedes Lebewesen ist eine unverwechselbare Persönlichkeit. Momo hat ein sanftes, liebevolles Wesen, er ist neugierig und lernt gern.

Samuel D. Gosling und seinem Team gelang es, eine Brücke über den tiefen Graben der Psychologie und Verhaltensbiologie zu bauen. Die Wissenschaftler fragten sich: Was sind die wesentlichen Persönlichkeitsmerkmale der Tiere? Sie versuchten das in der Psychologie erfolgreiche Modell der Big Five auf die Tiere zu übertragen. Ihre Mühe hat sich gelohnt. Sie fanden bei den unterschiedlichsten Tierarten wie Schimpansen, Gorillas, Hyänen, Schweinen, Ratten, aber auch unter Vögeln, Fischen (Guppy) und Kraken Persönlichkeitsmerkmale, die man den Big-Five-Kategorien zuschreiben konnte.

Bei Afrikanischen Elefanten registrierten Forscher 26 Charakterzüge, die sich zuordnen ließen. Einige der Merkmale waren: Verspieltheit, Sanftmut, Konstanz und Führungskraft. Dies sind wichtige Eigenschaften eines Herdentieres, um Krisen, wie zum Beispiel eine Dürre, zu überleben. Die intelligenteste Elefantenkuh, ein starker Charakter, übernimmt die Führungsrolle. Ihr Verhalten verrät ihre Persönlichkeit. Ob ein Tier erkundungsfreudig oder nervös ist, ob es zu den Kämpfern oder den Friedfertigen gehört, lässt sich direkt aus dem Verhalten erschließen. Vögel, Fische oder andere Tiere werden dazu in einer ihnen unbekannten Umgebung ausgesetzt. Fliegt zum Beispiel eine Meise von einer Ecke zur anderen und untersucht die zuvor von Wissenschaftlern aufgestellten Holzpflöcke und ist beständig in Bewegung, dann gehört sie zu den erkundungsfreudigen Vögeln. Schüchterne Artgenossen bewegen sich kaum vom Fleck. Bei Kohlmeisen haben Studien ergeben, dass sich deren Persönlichkeit sogar auf ihre Rangposition auswirkt. Diejenigen, die neugierig und unternehmungslustig sind, haben eine höhere Rangposition als die trägeren.

Wie erforscht man die Persönlichkeit eines Tieres?

Bei Wildtieren ist dies eine lange und schwierige Arbeit. Cynthia Moss und Douglas Hamilton – um nur zwei Forscher zu nennen – untersuchten über mehrere Jahre Elefanten in der Wildnis. Sie dokumentierten den Alltag jedes einzelnen Tieres durch lückenlose Beobachtung. Sie registrierten, mit wem sie sich paaren, wie oft sie sich paaren und wie sie sich anderen Herdenmitgliedern und Feinden gegenüber verhalten, unter welchen Bedingungen sie aggressiv oder friedlich sind oder wann sie ihre Umgebung erkunden. Am Wolfgang-Köhler-Primaten-Forschungszentrum des MP für Evolutionäre Anthropologie und dem Zoo Leipzig untersuchte Dr. Jana Uher die Persönlichkeit von Bonobos, Schimpansen, Gorillas und Orang-Utans. In einer Pressemitteilung heißt es: »Jana Uher hat das Verhalten eines einzelnen Individuums über 67,3 Stunden beobachtet. Durch diese umfangreichen Datensätze konnte sie genau untersuchen, ob individuelle Unterschiede nur zufällig auftraten oder ob Menschenaffen stabile Verhaltensunterschiede zeigen, die spezifisch für die Individuen sind, denn nur diese werden als Persönlichkeitsunterschiede bezeichnet. Zur Untersuchung von Explorationsverhalten bekamen die Menschenaffen zum Beispiel kleine neue Objekte. Manche untersuchten die Objekte sofort und beschäftigten sich sehr intensiv damit. Einige spielten ausgelassen und erfindungsreich mit ihnen. Andere wiederum besahen sich die Objekte nur kurz, legten sie schnell wieder in eine Ecke und ignorierten sie. Die Ergebnisse aller Versuche belegen eindeutig, dass Menschenaffen in einer sehr großen Bandbreite von Verhaltensweisen stabile individuelle Unterschiede zeigen. Auch die individuellen Konstellationen an spezifischen Verhaltensmustern waren stabil über die Zeit, diese können grafisch in Persönlichkeits-Profilen dargestellt werden.« (→ J. Uher, Literatur, Seite 237)

Längst ist in der Persönlichkeitsforschung klar, dass es für eine umfassende Charakterisierung einer Persönlichkeit unerlässlich ist, auch physiologische Informationen über ein Tier zu gewinnen. Denn wie Verhalten ganz allgemein, ist auch individuelles Verhalten unterfüttert von zentralen physiologischen Systemen wie dem Hormonsystem oder dem Neurotransmitterhaushalt im Gehirn (→ Gut zu wissen, Seite 124).

Bellen ist Persönlichkeitssache

Unter den Hunden gibt es Vielbeller und Schweiger. Mein Bernhardiner Balu setzte seine Stimme häufig ein und untermalte seine Handlungen gern durch lautes Bellen. Er bellte, wenn er seine Hundefreunde zum Spielen aufforderte, einem Artgenossen drohen wollte, wenn eine Person das Grundstück betrat. Er bellte viel häufiger als unsere Berhardinerin Wisla. Zugegeben, Wisla war der Fels, der in sich ruhte. Angst hatte sie nur vor Gewittern. In den letzten zwei Lebensjahren, in denen Wisla altersschwach wurde, bellte sie häufiger. Sie drückte ihre Wünsche durch verschiedene Belllaute aus.

Es hat längere Zeit gedauert, bis ich begriff, dass sie einige ihrer Wünsche in verschiedenen Belllauten ausdrückte. Wollte sie in den Garten, war es ein tiefes, grollendes Bellen. Nach einiger Zeit traute ich mir zu, ihre Belllaute bestimmten Handlungen zuzuordnen.

Das war natürlich kein wissenschaftlich exakter Versuch. Dafür hätte es Tonaufzeichnungen und Auswertungen eines Sonographen bedurft, so wie es meine geschätzte Kollegin Dorit Feddersen-Petersen gemacht hat. Sie untersucht seit Jahrzehnten intensiv die lautliche und mimische Kommunikation von Hunden. In ihrem Buch »Hundepsychologie« schreibt sie: »Über Bellen wird nachweislich interagiert und differenziert kommuniziert.« (→ D. Feddersen-Petersen, S. 236, Literatur, Seite 235)

Und genau das tat Wisla mit uns. Was sich für uns leicht anhört, ist eine große gedankliche Leistung. Wisla musste ihren eigenen körperlichen Zustand erkennen und diesen Zustand mit einem Belllaut benennen und gelernt haben, dass ich ihr aus ihrer schwierigen Situation helfen kann. Wisla bellte im normalen Alltag selten.

Momos Bellen

So weit zu den Bellgewohnheiten von Wisla und Balu. Aber was macht Momo? Den ersten Beller hörte ich nach 12 Wochen unseres Zusammenlebens in einer Situation, in der ich es nicht erwartet hätte. Ich ging mit Momo in einem Park spazieren. Er war glücklicherweise angeleint, obwohl er weder Menschen noch andere Hunde attackiert. Uns kam ein junger Mann mit strammen Schritten entgegen. Mit direktem Kurs auf uns. Mit freundlichen Worten bat ich ihn, Abstand zu halten. Er reagierte nicht, sondern streckte die Hand aus. Das war Momo zu viel. Er knurrte und bellte den Mann laut und aggressiv an. Das Bellen von Momo hat mich glücklich gemacht. Ich erfuhr, dass er bellen kann und dass er es als Warnsignal für andere Lebewesen einsetzt. Im normalen Alltag bellt er selten. Auch nicht, wenn es an der Haustür klingelt oder andere Hunde am Gartenzaun entlanglaufen.

Doch Momo ist alles andere als stumm. Er drückt viele seiner Gefühle und Wünsche mit Lauten aus. Wenn ich zum Beispiel morgens zu lange frühstücke und er spazieren gehen will, beginnt er zu jaulen. Mit dem Jaulen teilt er mir mit, dass ich mich beeilen soll. Und das tue ich auch.

Bei keinem meiner Hunde habe ich so ein unterschiedliches Jaul-Repertoire gehört wie bei Momo. Begegnet er beispielsweise einem Artgenossen, wenn er angeleint ist, nimmt er durch Jaulen Kontakt auf. Es ist ein friedliches, freudiges Jaulen. Die Botschaft wird vom anderen verstanden. Nur zwei Mal habe ich erlebt, dass ein Tier aggressiv darauf reagierte und knurrte. Momo antwortete in der gleichen Sprache zurück. Er wurde verstanden, der Konflikt war beendet. Beide gingen ihres Weges.

Hunde – Meister der stimmlichen Kommunikation

Hunde gehören sicherlich in die Meisterklasse der stimmlichen Kommunikation unter den Säugetieren. Obwohl es unter ihnen auch Individuen gibt, die kaum bellen, wie zum Beispiel mein Schäferhund Teddy.

Warum Teddy im Vergleich zu seinen Artgenossen kaum bellte, verstehe ich bis heute nicht. Vielleicht hat er, was das Bellen betrifft, noch die Gen-Ausstattung seiner Vorfahren. Seine wilden Verwandten – wie etwa Wolf, Kojote, Schakal oder Wildhund – können in der lautlichen Kommunikation nicht mit Hunden konkurrieren. Sie sind ihnen in den Variationen der Laute unterlegen. Hunde knurren, wuffen, keifen, fiepsen, winseln, quengeln, fauchen und vieles mehr. Wir machen uns kaum bewusst, wie vielfältig die Lautäußerungen des Hundes sind, sondern reduzieren sie vor allem auf das Bellen.

Und welches ist die häufigste Lautäußerung der Hunde? Nach Dorit Feddersen-Petersen eindeutig das Knurren. Aber daran habe ich meine Zweifel. Ich glaube, die Lautäußerungen sind von den Haltungsbedingungen und der Mensch-Hund-

GUT ZU WISSEN

Neurotransmitter

Neurotransmitter sind biochemische Botenstoffe, die sich in der Verbindungsstelle zwischen den Nervenzellen befinden. Dort sind sie für die Signalübertragung zuständig, was bedeutet, dass sie Informationen von einer Nervenzelle zur nächsten übertragen. Die Nervenzellen stehen also durch die Neurotransmitter in Kontakt und können auf diese Weise miteinander kommunizieren. Eines der bekanntesten Beispiele für einen Nervenbotenstoff ist das Dopamin. Es vermittelt positive Gefühlserlebnisse und wird deshalb auch als Glückshormon bezeichnet.

Bindung abhängig. Warum sind die Hunde im Vergleich zu ihren wilden Verwandten so geschwätzig? Wölfe wurden in Tausenden von Generationen zu Hunden gezüchtet. Man verpaarte ausgewählte Rüden mit ausgewählten Weibchen, bis sich die gewünschten Merkmale herausschälten. Merkmale wie die Mimik der Wölfe waren für den Menschen weniger wichtig und wurden bei der Zucht vernachlässigt.

Wölfe besitzen ein facettenreiches Mienenspiel. Sie sind Meister der Pantomime. Mit nahezu 60 Gesichtern kommunizieren sie mit anderen Lebewesen. Wölfe verändern ihren Gesichtsausdruck über Nasenrücken, Mundwinkel, Lippen, Stirn, Ohren, Augen und Stirnfalten. Der Deutsche Schäferhund hat nur 12 »Gesichter«. Dorit fand bei ihren Untersuchungen heraus, dass bei Hunderassen, bei denen die Mimik deutlich reduziert wurde, das Bellen variantenreicher wurde. Sie schreibt: »Es scheint so zu sein, dass reduziertes Ausdrucksverhalten durch eine größere Anzahl von Bellformen ausgeglichen wird.« Dies ist eine beeindruckende Leistung unserer Vierbeiner und zeigt deren hohe psychische Flexibilität und Intelligenz.

Eines blieb aber jedoch immer wichtig auf dem Weg vom Wolf zum Hund: Hunde sollten unsere Partner sein, unabhängig von Aussehen oder Rasse, Hunde sollten uns verstehen, unsere Befehle, unseren Tonfall, unsere Gesten. In dieser Hinsicht schuf der Mensch den Hund nach seinem Bild. Aber in diesem Bild sind viele Rätsel und Geheimnisse versteckt, weil die Natur den treuen Gefährten mit einem anderen Werkzeugkasten und Antennen mit unterschiedlicher Empfindlichkeit ausgestattet hat, um die Welt zu entdecken. Für mich ist es ein Wunder, dass sich Mensch und Hund bei so unterschiedlicher Wahrnehmung der äußeren Welt so gut verstehen. Es ist eine große Leistung der beiden Gehirne von Mensch und Hund.

Wer bellt, will gehört werden

Das ist eine Binsenweisheit. Aber nicht immer gab es auf der Erde so viele Laute und Töne wie heute. Die Evolution hat den Gehörsinn nach dem Sehsinn hervorgebracht. In den Frühzeiten des Lebens muss die Erde ein stiller Ort gewesen sein. Außer dem Grollen des Donners, den Eruptionen der Vulkane, dem Rauschen des Wassers, dem Pfeifen des Windes war Jahrmillionen nichts zu hören. Erst nachdem sich das Gehör etablierte, entwickelte sich die Stimme. Wie mag der erste, von einem Lebewesen erzeugte Laut geklungen haben? Wir wissen es nicht. Es war auf jeden Fall der Startschuss einer unglaublichen Entwicklung und die Geburtsstunde der menschlichen Sprache. Eine neue Kommunikationsebene für Tiere trat auf die Bühne des Lebens. Tiere konnten sich jetzt mittels Lauten verständigen. Wie gut dies entwickelt sein kann, zeigen uns die Fledermäuse.

In einer ostasiatischen Höhle, in der Tausende von Fledermäusen dicht an dicht an der Höhlendecke hängen, halten sich auch Fledermauskinder fest. Jedes von ihnen stößt seinen eigenen spezifischen Ruf aus. Wenn die Mutter mit der Beute zurückkehrt, ruft das Kleine. Und nun passiert etwas, was ich mir kaum vorstellen kann. Die Mutter erkennt unter den Tausenden Fledermäusen ihr Kind an dem charakteristischen Ruf. Sie fliegt zielgerichtet zu ihm und füttert es.

Was hört Momo?

Unsere Vierbeiner können Geräusche etwa zehnmal feiner lokalisieren als der Mensch. Diese Fähigkeit verdanken Hunde ihren aufrecht stehenden, beweglichen Ohrmuscheln, mit denen sie die Schallwellen besser einfangen können als der Mensch mit seinen kaum beweglichen Ohrmuscheln. Selbst Hunde mit Schlappohren, wie Momo, profitieren davon. Immer wieder erstaunt es uns, wenn Momo friedlich im Garten liegt und sofort zum Klavier eilt, wenn er hört, wie meine Frau ein paar Etüden spielt. Er legt sich neben den Klavierhocker und lauscht andächtig.

Momo und Co. sind auch in der Lage, die Gespräche der Mäuse abzuhören, denn der Dialog der Mäuse findet im Ultraschallbereich statt. In diesem Bereich müssen wir passen. Diese hohen Töne nehmen wir nicht mehr wahr. Wir Menschen hören in einem Bereich von etwa 15 bis 20.000 Hertz. Wenn wir uns unterhalten, sprechen wir meist in dem Frequenzbereich, in dem wir am besten hören. Hunde können also locker die gesprochenen Worte hören, weil auch sie hier empfindlich sind. Bei einer Frequenz von 2000 Hertz und darunter bis etwa 64 Hertz haben Hunde dasselbe Hörvermögen wie Menschen. Von 3000 bis 12.000 Hertz hören Hunde noch Töne, bei einer Lautstärke von fünf bis 15 Dezibel, die uns verborgen bleiben. Bei Hunden liegt die höchste Empfindlichkeit bei 8000 Hertz, In diesem Frequenzbereich müssen wir viel lauter sprechen, damit uns andere verstehen.

Hunde hören das meiste von dem, was auch wir hören. Sie hören aber auch Ultraschall. Wisla war darin, wie es scheint, ein Profi. Mitten in der Nacht, bei tiefer Stille, sprang sie auf und rannte in den Garten zur Voliere, in der 30 Wellensittiche leben. Sie hat das Navigationspiepsen der Ratten gehört, die wieder einen Versuch starteten, um Vogelfutter zu erbeuten. Menschen haben sich dieser außerordentlichen Hörfähigkeit der Vierbeiner bedient und schließlich die Hundepfeife (Ultraschall) entwickelt.

8

Großartige Leistungen

Es steht fest, dass Tiere verfeinerte Instinkte und rätselhafte Fähigkeiten haben, die uns in Staunen versetzen und unsere Neugier anstacheln. Selbst die Wissenschaft hat dafür manchmal keine Erklärung. Ich habe erlebt, wie Tiere komplexe Situationen erfassen, Entscheidungen treffen und in die Sprache des Menschen übersetzen.

Mein Freund Heinz von Matthey und ich bekamen vom ZDF den Auftrag, einen Film mit dem Titel »Tiere retten Menschen« zu drehen. Moderator war Wolf von Lojewski. Wir waren zu Gast auf einer Polizeistation. Ein freundlicher Beamter empfing uns. Er holte aus einem der Schränke ein vierkantiges Metallrohr und erzählte, dass sie dieses Metallrohr eine Woche nach einem Verbrechen an dem Tatort gefunden hatten. Während der Woche regnete es oft. Fingerabdrücke waren leider nicht mehr zu erkennen. Die Polizei hatte einen Verdächtigen festgenommen. Einer der Kollegen hatte die Idee, einen ihrer Hunde, der die besten Schnuppererfolge hatte, am gefundenen Metallrohr riechen zu lassen. Die Hoffnung war, dass der Hund den Täter überführt.

In einem größeren Raum standen vier Männer locker nebeneinander – einer unter ihnen war der verdächtigte Täter. Auf dem Boden des Raumes lagen vier identisch aussehende Metallrohre. Eines davon war das gefundene Metallstück. Der Hund schnupperte zuerst an den ausgelegten Rohren, dann an allen vier Personen. Durch Bellen sollte er die Person identifizieren, die so roch wie das gefundene Metallrohr. Zielsicher ging er auf den Mann zu, der offenbar seine eigenen Duftmoleküle auf dem Metallstück hinterlassen hatte.

Unser zweiter Drehort war nicht minder sensationell. Wir sind zu Gast bei Frau A, die zuckerkrank ist. Sie erzählt in die Kamera, dass sie im Fernsehsessel eingeschlafen ist und leider auch vergessen hat, etwa um 21 Uhr ihre Spätmahlzeit einzunehmen. Neben ihr schläft, wie immer, ihr Schäferhund Domingo. Domingo wurde ihr Lebensretter.

Mitten in der Nacht ist es passiert. Domingo wird unruhig, er schnuppert heftig. Etwas liegt in der Luft. Domingo läuft umher und entschließt sich, zu seinem Herrchen zu laufen. Auch dort ist er unruhig. Sein Herrchen braucht etwas Zeit, bis er versteht, dass etwas nicht stimmt, und folgt Domingo, der zum Frauchen rennt. Auf den ersten Blick erkennt der gelernte Sanitäter die lebensgefährliche Lage. Seine Frau hat einen Unterzuckerungsschock. Sie droht ins Koma zu fallen. Zum Glück liegt die Notspritze im Kühlschrank. Die Hilfe kommt gerade noch rechtzeitig, dank Domingo. Die Geschichte ist kein Einzelfall erklärte Professor Werner A. Scheerbaum. Schon über 30 Fälle von Unterzuckerung wurden gemeldet, in denen Hunde sie spürten. Man weiß aber bis heute noch nicht genau, womit Hunde das erspüren. Diese beiden Beispiele belegen eindrücklich, wie sensibel der Geruchssinn bei Hunden entwickelt ist. Sie leben in einer Welt, die uns verschlossen ist.

Folge deiner Nase

Jeden Tag erlebe ich das aufs Neue, wenn Momo minutenlang an irgendetwas im Gras schnuppert und Neues erfährt. Vielleicht erfreut es ihn wie mich, wenn ich am Morgen die Tageszeitung durchblätterte. Momos Sinneszellen befinden sich in der Riechschleimhaut, tief in der Nase. Sie ist beim Menschen ein kleines Feld von etwa fünf Quadratzentimetern. Bei einem Schäferhund beispielsweise ist die Riechfläche 30-mal größer und beträgt 150 Quadratzentimeter.

Der Mensch besitzt etwa fünf Millionen Riechzellen, der Hund etwa 200 Millionen. Sein Riechzentrum im Gehirn ist sieben- bis 14-mal größer als das des Menschen.

Der Geruchssinn bei Mensch und Tier

Doch unser Geruchssinn war nicht immer so dürftig. Wir Menschen haben den richtigen Riecher verloren. Unser Geruchssinn verkümmerte. Im Laufe der Evolution sind die 1000 Riechgene des Menschen auf zwei Drittel geschrumpft und nicht mehr funktionsfähig. Über 300 Gene sind abgeschaltet. Aber welche Gene abgeschaltet werden, ist von Person zu Person unterschiedlich, wie der Evolutionsgenetiker Svante Pääboo herausgefunden hat (→ S. Pääboo, Literatur, Seite 237). Jeder Mensch hat seinen eigenen, spezifischen Geruch, der ebenso individuell wie sein Fingerabdruck ist. Diese Zahlen sagen alles – im Vergleich zum Hund sind wir geruchsblind.

Wir können uns kaum vorstellen, welche Informationen der Hund mit seiner Nase bekommt. Es wird diskutiert, ob die Hundenase ein Zeitmesser ist. Geruchsmoleküle verflüchtigen und verändern sich. Der Hund kann mit seiner Nase die Veränderung registrieren. Sie ist praktisch seine Uhr. Er schaut mit seiner Nase sozusagen in die Vergangenheit.

In einem »Spektrum«-Artikel mit der Überschrift »Hunde sehen, was sie riechen« wird auf die hervorragenden Riechleistungen der Hunde eingegangen und die Versuche von Juliane Bräuer geschildert.

Nach Juliane Bräuer entsteht in den Köpfen der Hunde eine mentale Repräsentation des gesuchten Objekts. (→ J. Bräuer, Literatur, Seite 235) Das ist ähnlich wie bei uns Menschen beim Riechen von leckerem Kuchenduft. Wir sehen den Kuchen quasi vor uns. Jagd- und Hetzhunde können nicht ganz so gut riechen – bei der Jagd ist keine Zeit, Beute und Hintergrundgerüche zu unterscheiden.

Immer wieder merke ich, wie schwer es ist, die innere Welt unserer vierbeinigen Freunde zu verstehen, und werde ärgerlich, wenn man einfache Verhaltensregeln aus der Tasche zieht. Man wird den Hunden keinesfalls gerecht, indem man versucht, deren komplexe Welt in ein enges Regelkorsett zu schnüren.

Gedankliche Höchstleistung

Kehren wir zu Domingo zurück. Unabhängig von seiner großartigen Leistung, die Unterzuckerung seines Frauchens zu riechen, hat er meines Erachtens auch eine großartige gedankliche Leistung vollbracht. Als er die Unterzuckerung roch und feststellte, dass sich sein Frauchen nicht bewegte, muss sich viel in seinem Kopf abgespielt haben. Was mag er gedacht haben? Frauchen riecht anders und bewegt sich nicht. Was ist los? Er läuft nicht ziellos und erschrocken umher, sondern holt Hilfe. Und zwar genau die Person, die helfen kann – den Ehemann. Das ist eine hohe intellektuelle Leistung, an der viele Menschen scheitern.

Bewusstsein der Tiere – ein Märchen?

Wie in einem Märchen scheint die Grenze zwischen Hund und Mensch aufgehoben. Der Starke schützt den Schwachen. Begriffe wie Freundschaft und Selbstlosigkeit drängen sich auf. Ein leiser Hauch vom Glück des Gartens Eden mengt sich unter unsere Rührung und Anteilnahme. Ich frage mich, ob sich Domingo seiner Handlung und Gefühle bewusst war. Und wie weit darf man diese Gefühle als persönliche Freundschaft oder Zuneigung charakterisieren?

Hier geht es um die ebenso grundlegende wie uralte Frage nach der Gefühls- und Erlebniswelt der Tiere: um die Frage, in welchem Maß wir ihnen bewusste Wahrnehmungen, Emotionen und Gedanken zugestehen dürfen oder müssen. Kurzum die Frage nach dem Bewusstsein der Tiere.

Für den Augenblick wollen wir diesen Begriff in seiner ungenauen Alltagsbedeutung stehen lassen und später erst versuchen, ihn schärfer zu fassen (→ ab Seite 137). Wenn wir uns auf Tiere einlassen und sie anteilnehmend beobachten, fällt es uns äußerst schwer, sie nicht als bewusst Handelnde zu empfinden und zu beurteilen. So geht es mir jeden Tag mit Momo. Immer wieder versuche ich, dem auf die Spur zu kommen, was in ihm vorgeht. Wir geben Tieren Namen, reden mit ihnen, deuten ihr Benehmen. Diese Tendenz zur Vermenschlichung ist so stark, dass wir uns fragen müssen, woher sie kommt.

Wahrnehmung – ein altes Erbe

Nicht nur unser Körperbau, sondern auch die Art und Weise, wie wir etwas wahrnehmen und empfinden, hat sich im Laufe unserer langen Entwicklungsgeschichte herausgebildet. Dabei ist es nicht darum gegangen, uns mit einer möglichst objektiven Wahrnehmung auszustatten. Entscheidend war vielmehr, unsere Wahrnehmung dafür zu sensibilisieren, was Bedeutung für uns hatte oder Bedeutung für uns bekommen konnte. Und für Gruppentiere wie uns konnte kaum etwas bedeutsamer sein, als die Absichten des Artgenossen zu erkennen oder herauszufinden, in welcher Stimmung er ist oder was man von ihm zu erwarten hat. Mit anderen Worten: Unsere Sicht- und Ausdrucksweise ist derart auf den Umgang mit unseren Mitmenschen ausgerichtet, dass wir intuitiv auch andere Lebewesen in menschlichen Kategorien wahrnehmen und beschreiben. Wir erleben sie als Individuen, die zu Emotionen fähig sind und absichtsvoll handeln. Dieses Wahrnehmungsstrategie wirkt umso zwingender, je mehr wir uns mit einem Lebewesen identifizieren können, je menschlicher seine Züge anmuten, je vertrauter uns sein Benehmen vorkommt. So ist es fast hoffnungslos, Menschenaffen wie Schimpansen, Gorillas oder Orang-Utans teilnahmslos beobachten zu wollen. Unwillkürlich schreiben wir ihnen bewusste Handlungen und Gefühle zu und reagieren auf sie mit unseren eigenen.

Haben Tiere ein Bewusstsein?

So viel scheint jedenfalls festzustehen: Unsere fragende Neugier nach Bewusstsein außerhalb menschlicher Gehirne ist nicht durch Pauschalantworten zu befriedigen. Wenn überhaupt, dann kann nur geduldiges, von Verständnis getragenes Beobachten im Verbund mit gezieltem Befragen die geistige Dimension der Tiere erhellen. Und für diese Form der Befragung gibt es bis heute keine ergiebigere Methode, als sie in Form von Experimenten oder Tests zu kleiden. Wer mit Tieren Experimente anstellt, um etwas über die Wurzeln ihres Verhaltens zu erfahren, wie etwa die Nobelpreisträger Niko Tinbergen oder Konrad Lorenz, muss alles daransetzen, die Tiere von Stress, Aufregung oder gar Schmerz freizuhalten, damit sie sich unverfälscht ihrer Natur entsprechend verhalten.

Wie genau sind sich Tiere also dessen bewusst, was sie gerade tun? Direkt ist die Frage natürlich nicht zu beantworten, aber Experimente an Ratten gaben uns einen Hinweis. Eine Ratte weiß ganz genau, ob sie sich putzt, ob sie läuft, ob sie sich aufrichtet oder ob sie in Ruhe verharrt. Zumindest kann sie sich bei Bedarf dieser Handlung bewusst werden. Die Grundidee dieser Versuchsreihe ist einfach. Die Ratten mussten, wenn sie fressen wollten, auf eine Taste drücken. Kein Problem, Ratten lernen das im Nu. Es gab vier verschiedene Tasten. Und wenn die Ratte gerade dabei war, sich zu putzen, musste sie die Putztaste drücken, wenn sie der Hunger in Ruhe überfiel, war die Ruhetaste dran – und so fort. Auch diese Aufgabe wurde von den Tieren glänzend bewältigt, was den Schluss zulässt, dass sie ihre eigenen Tätigkeiten wahrnehmen und auseinanderhalten können. Auch wenn es mancher nicht wahrhaben will: Ratten wissen, was sie tun, und sie wissen, dass sie selbst es tun. Sie dürften nicht die Einzigen sein. Ich glaube, dass Momo weiß, was er tut. Viele Beobachtungen sprechen dafür. Aber nicht nur er, sondern auch seine Artgenossen. Wer sich mit dem Bewusstsein der Tiere beschäftigt, kommt an den Spiegelexperimenten nicht vorbei (→ ab Seite 137).

9

Wer bin ich? Das Rätsel im Spiegel

Fast jeden Tag aufs Neue erlebe ich, wie andere Hunde über Momos Größe erstaunt sind. Sie kennen keinen so großen Artgenossen. Momo wiegt etwa 75 Kilogramm und hat eine Schulterhöhe von über einem Meter. Momo versucht freundlich mit ihnen Kontakt aufzunehmen, indem er begeistert jault. Das Jaulen ist eine Aufforderung zur friedlichen Begegnung. Das freundliche Jaulen habe ich bei keinem meiner Hunde beobachtet. Einige seiner Artgenossen sind von seiner Größe geblendet und reagieren aggressiv. Umso kleiner sie sind, desto aggressiver verhalten sie sich. Ihnen ist der vierbeinige Riese fremd. Sie bekommen Angst. Momo kann damit umgehen und trottet friedlich mit mir weiter. Immer wieder geht mir durch den Kopf: Hat Momo eine Vorstellung von seiner Größe? Weiß er, wie er aussieht? Eine Antwort könnte der Spiegeltest geben.

Der Spiegeltest

Auch mit Barney, dem Boss meines Meerschweinchen-Rudels, machte ich den Test. Er starrte auf sein Gegenüber im Spiegel. Er erwiderte den Blick und schien keine Furcht zu haben. Und dann eröffneten vermeintlich beide gleichzeitig ihr eindrucksvolles Ritual: Drohlaute, Drohgebärden. Ein Gurgelton, tief aus der Kehle wie ein rollendes »R«, dann Übergang in scharfes Zähneklappern; in schnellem Stakkato schlugen die Kiefer aufeinander. Und als immer noch keiner nachgeben wollte, zeigte Barney auf imponierende Weise, was in ihm steckt. Er fuhr seine Hodensäcke aus und machte breitbeinig ein paar wiegende Imponierschritte. Barney hielt sein Spiegelbild für einen Fremden. So begegnen sich nämlich männliche, ums Revier kämpfende Meerschweinchen. Ob Barney überhaupt weiß, was er tut? Ob er eine Vorstellung von sich selbst, seinem Körper und seinem Verhalten besitzt? Immerhin muss Barney eine recht genaue Vorstellung von seinem Artgenossen besitzen. Denn schon bald verlor er das Interesse an der Spiegelfechterei mit seinem Gegner, der weder geruchlich noch akustisch etwas zu bieten hatte. Aber nicht jeder reagiert so auf sein Spiegelbild. Wellensittiche zum Beispiel balzen ihr Spiegelbild an und füttern ihre Angebetete. So unterschiedlich sind die Reaktionen.

Momo und sein Spiegelbild

Heute ist Momo dran. Während er im Garten herumläuft und ihn inspiziert, baue ich mit meiner Frau einen großen Spiegel in seinem Lieblingszimmer auf. Er betritt den Raum, und im ersten Augenblick bemerkt er den Spiegel nicht. Plötzlich erblickt er sich im Spiegel, geht auf den Spiegel zu und sieht sich an. Er bewegt zufällig den Kopf. Er sieht seine Kopfbewegung im Spiegel, reagiert aber nicht darauf, sondern schaut weiter in den Spiegel. Im Gegensatz zum Meerschweinchen Barney sieht er keinen fremden Artgenossen, er schaut nur. Er reagiert ähnlich wie alle Hunde, die wir getestet haben. Momo schaut kurz in den Spiegel, macht ein paar Schritte und legt sich hin.

Ein halbes Jahr später, als wir Urlaub an der Ostsee machten, wurde Momo unfreiwillig einem Spiegeltest unterzogen. Wir wohnten im dritten Stock und benutzten häufig den Aufzug, in dem ein flächendeckender Spiegel angebracht war. Man musste in den Spiegel schauen, ob man wollte oder nicht. So auch Momo. Er sah sich im Spiegel, schaute kurz in den Spiegel, stutzte und setzte sich hin. Keine Anzeichen des Selbsterkennens. Einmal hatte ich den Eindruck, dass er mich im Spiegel erkannte. Er schaute neugierig in den Spiegel, sah mich, drehte sich um und schaute mir ins Gesicht. Ich glaube, er verstand die Situation. Während der Runterfahrt setzte er sich. Alles war wie immer. Ich glaube, Momo erkennt sich nicht im Spiegel, wie die meisten seiner tierischen Brüder.

Wer erkennt sich im Spiegel?

Nur wenige Tierarten erkennen sich im Spiegel. Xindra, die Schimpansendame vom Basler Zoo, gehört zu ihnen. Wir machten den Spiegeltest mit ihr. Reto, ihr Pfleger, kraulte sie und gab ihr ein Apfelstück; während dieser Aktion tupfte er einen Farbfleck auf ihre Stirn. Minuten vergingen, ohne dass etwas Aufregendes eingetreten wäre.

Plötzlich schaute Xindra in den Spiegel. Schlagartig hielt sie inne. Aus den Augenwinkeln musste sie etwas wahrgenommen haben, denn fast erschrocken wandte sie den Kopf.

Sie fixierte den Spiegel, rückte näher und begann nach kurzer Zeit, ihr Gesicht zu untersuchen. Aber vorher schob sie den Kopf etwas vor, als wollte sie ganz genau hinsehen. Und dann rieb sie sich, ohne zu zögern, die Stirn, bis die Farbe weggewischt war. Dies ließ nur den Schluss zu: Xindra wusste, dass es ihre eigene Stirn war. Bis heute kennt man keinen Hund und keine Katze, die sich im Spiegel selbst identifiziert hätten. Und selbst wir Menschen sind damit völlig überfordert – solange wir jünger als 18 Monate sind.

Welche Schlüsse darf man daraus ziehen? Handelt es sich nur um irgendeine beliebig herausgegriffene Spezialbegabung? Eine Begabung, die schon deshalb belanglos wäre, weil die Natur kaum spiegelnde Flächen bereithält? Und welchen Überlebensvorteil, so könnte man weiter fragen, sollte die Selbstbeobachtung überhaupt mit sich bringen? Oder aber – und das wäre die andere Position – offenbart das Sich-Erkennen im Spiegel eine grundlegende geistige Fähigkeit, die weit über die sinnvolle Nutzung von Spiegeln hinausgeht? Ist die Fähigkeit, sich darin selbst zu erkennen, gleichbedeutend mit der Fähigkeit, sich selbst als Individuum zu begreifen? Dann wäre die Selbstwahrnehmung im Spiegel nur das äußere, sichtbare Zeichen für ein Wissen um die eigene Identität, für ein Ich-Bewusstsein: Das bin ich, der fühlt, der handelt, der denkt.

Wir wissen nicht, ob Hunde eine Vorstellung von ihrem Ich haben. Momo lässt mich seit einem halben Jahr immer mehr in seine Welt blicken.

Momos Welt

Wenn ich heute nach Hause komme, habe ich das Gefühl, Momo freut sich. Er wedelt mit dem Schwanz und streckt mir seinen mächtigen Kopf entgegen. Ich kraule ihn, er grunzt vor Zufriedenheit, und ich bin einfach nur glücklich. Lange habe ich gewartet, bis er den Mut hatte, eine Bindung mit mir einzugehen. Er war immer daran interessiert, aber er hatte nicht den Mut, seine Gefühle zu äußern. Er war immer lieb, aber verhalten. Ich drängte ihn niemals, ich streichelte ihn oft und sprach mit ihm. Geduldig ließ er meine Liebkosungen über sich ergehen. Was er dabei fühlte, weiß ich nicht. Aber ich glaube, meine Streicheleinheiten waren ihm nicht unangenehm.

Heute hat sich sein Verhalten geändert. Wenn meine Liebkosungen zu kurz sind, fordert er mich auf weiterzumachen. Er stupst mich mit dem Kopf und gibt bestimmte Töne von sich. Ähnlich wie mein verstorbener Bernhardiner Balu. Langsam, aber sicher verstehen wir unsere Gefühle gegenseitig.

Ein festes Ritual hat sich von seiner Seite aus entwickelt: Nach dem Abendspaziergang sitze ich gemütlich auf dem Sofa, Momo kommt zu mir, legt seinen versabberten Kopf auf meine Knie , kriecht fast in mich hinein und fordert mich auf, ihn heftig zu liebkosen.

Seit einer Woche bin ich besonders glücklich. Dazu müssen Sie wissen, dass ich die Gewohnheit habe, meinem Hund auf besondere Weise »Gute Nacht« zu sagen, bevor ich abends ins Bett gehe. Schon Balu lag meist bei mir im Wohnzimmer. Ich nahm den letzten Schluck Bier, beugte mich zu ihm, wünschte ihm eine gute Nacht und erzählte ihm wilde Geschichten über die vielen Erlebnisse des Tages. Balu hörte mir andächtig zu, drehte sich auf den Rücken und zeigte mir seinen Bauch. Das war die Aufforderung, ihn zu streicheln. Was ich auch tat. Und wie schon erwähnt, machte dies Momo letzte Woche ganz freiwillig. Ich war im siebten Himmel. Wir waren fähig, unseren positiven Gefühlen freien Lauf zu lassen.

10

Der Menschen-versteher

Sowohl Hund als auch Homo sapiens sind in der Lage, die Gesichtsausdrücke ihres Gegenübers zu interpretieren, wie Forscher der Veterinärmedizinischen Universität Wien zeigen konnten. Dass Hunde zwischen bekannten und unbekannten Gesichtern unterscheiden können, ist bereits aus früheren Studien bekannt. Um aber herauszufinden, ob Tiere auch Gefühle in Gesichtern erkennen können, zeigten die Forscher den Hunden auf Touchscreens verschiedene Gesichter – aber nur teilweise: entweder die obere oder die untere Hälfte des Gesichts einer wütend oder freudig schauenden Person. Einige der Hunde mussten dabei immer die gut gelaunten, andere die wütenden Bilder anstupsen. Nach jeder Wahl gab es ein Leckerli. Die Versuchsergebnisse waren eindeutig: Hunde könne zwischen wütenden und freudigen Gesichtsausdrücken unterscheiden.

Was empfinden die Hunde dabei, wenn sie ein wütendes oder ein freudiges Gesicht anstupsen? Die Forscher glauben, aufgrund ihrer Daten eine Aussage machen zu können. Hunde, die anfangs ein lächelndes Gesicht anstupsen, haben positive Gefühle. Hunde hingegen, die ein wütendes Gesicht anstupsen, haben negative Gefühle. Denn die Hunde, die anfangs wütende Gesichter erkennen sollten, lernten deutlich langsamer als die anderen. Den Tieren müsse also anhand vorheriger Erfahrung klar gewesen sein, dass man sich von wütenden Menschen besser fernhält, meinen die Forscher.

Ich kann dich »lesen«

Dass Wisla, Balu, Momo und Co. sich in mich hineinversetzen können, glaube ich seit Jahren. Sie gaben mir viele Beispiele und brachten mich immer wieder zum Grübeln. An ein Ereignis erinnere ich mich lebhaft. Wir waren in den Alpen wandern und mussten einen sehr schmalen Pfad entlanggehen. Auf der einen Seite eine Felswand, auf der anderen ein tiefer Abgrund. Wie immer nahm ich meine Bernhardinerin Wisla an die Leine. Sie sollte an der Felswand entlanggehen und ich am Abgrund. Wisla weigerte sich, sie bestand darauf, dass sie am Abgrund entlanglief. Während des Gehens schaute sie immer zu mir. Sie schien um mich Angst zu haben. Sie versetzte sich in mich.

Auch Balu tat es. Nach einer schweren Herzoperation verließ ich nach etwa 14 Tagen die Klinik. Ich hatte auf der Brust eine lange, tiefe Narbe, die noch Wochen benötigte, um zu verheilen. Wenn ich normalerweise nach Hause kam, freute sich Balu. Er rannte schwanzwedelnd auf mich zu, gab Freudentöne von sich und sprang mit seinen Vorderpfoten an meine

Brust. Balu wog nahezu 80 Kilo. Ich musste fest auf dem Boden stehen, damit er mich nicht umwarf. Aber jetzt mit dieser großen Narbe und körperlich sehr geschwächt, musste ich unser Begrüßungsritual ändern. Aber wie?

Ein Freund ging gerade mit Balu spazieren, währenddessen kamen wir aus der Klinik nach Hause. Ich setzte mich an den Esstisch und sprach mit Balu, als er ins Zimmer trat. Was ich jetzt erlebte, hat mich zutiefst berührt, sodass es mir schwerfällt, es in Worten zu beschreiben. Wir schauten uns an und freuten uns. Balu ging in Zeitlupentempo auf mich zu und leckte meine Hand. Ich kraulte ihn, er leckte die Hand. In den nächsten vier Wochen, in denen ich mit ihm spazieren ging, zog er niemals an der Leine. Auch dann nicht, wenn ein fremder Hund kam. Er signalisierte dem anderen durch Zähnefletschen und Knurren, sich zu entfernen. Etwa sechs bis acht Wochen verhielt er sich so, und mir ging es von Tag zu Tag besser.

Hunde verstehen unsere Emotionen

Sich in die Gedankenwelt und Gefühle eines anderen zu versetzen, ist alles andere als leicht. Wir Menschen sind dazu erst mir vier bis fünf Jahren fähig. Tieren wird diese Fähigkeit meist abgesprochen. Das Team des Wiener Forschers Ludwig Huber konnte zeigen, dass Hunde sich in die Welt des Menschen hineinversetzen können. Hunde können auf die Befindlichkeit und das Wissen von anderen schließen. Kaum ein anderes Tier hat sich im Laufe seiner Domestikation so stark an uns angepasst. Sie haben nicht nur gelernt, unsere Befehle zu befolgen, sondern verstehen auch selbst unser Lächeln als Zeichen guter Laune. Die Fähigkeit, unsere Emotionen zu verstehen, macht sie zu richtigen Menschenverstehern. Ob andere Tiere das auch können, weiß ich nicht. Kandidaten hierfür sind Raben, Menschenaffen und vielleicht Wale und Delfine.

Die Erkenntnis-Versuche

Wie sehen die Versuche aus, die Professor Ludwig Huber und sein Team an der Uni Wien durchgeführt haben? Die Hunde beobachteten zwei Personen, eine wissende und eine unwissende. Die eine Person (die wissende) bereitete für die Tiere Futter vor und versteckte es schließlich in einer von zwei Schalen – in welcher, war für die Hunde nicht ersichtlich, da ihnen eine halbhohe Wand die Sicht auf die entscheidende Stelle versperrte. Die zweite Person (die unwissende) war beim Verstecken des Futters entweder nicht im Raum oder hielt sich die Hände vor das Gesicht. Anschließend zeigten beide Personen dem Hund das Versteck. Die wissende Person zeigte immer auf das richtige Versteck. Der Nichtswisser zeigte immer auf eine andere Dose. Selbstverständlich rochen beide Dosen nach dem leckeren Futter.

Die Mehrzahl der Hunde wusste, wo das Futter zu suchen war. Sie rannten zum Napf mit Futter. Sie ließen sich also durch den Nichtswisser nicht täuschen. Oder anders ausgedrückt: Sie verstanden, dass er nichts wissen konnte.

Um ihre Ergebnisse zu untermauern, führten die Wissenschaftler noch einen weiteren Test durch. Dabei bereitete eine dritte Person in der Mitte das Futter vor, ohne selbst später einen Hinweis zu geben. Links und rechts neben ihr standen zwei weitere Personen, die in gegensätzliche Richtung blickten. Eine der beiden Personen hatte den Futterbereiter im Blick, die andere sah von ihm weg. Auch diesen Test bestanden die Hunde. Professor Ludwig Huber, der Leiter der Studie, erklärte gegenüber der österreichischen Zeitung Der Standard:

Inzwischen haben Momo, Sylvia und ich ein wunderbares Vertrauensverhältnis. Momo spürt unsere Liebe zu ihm.

»Die getesteten Hunde mussten also durch Einnahme der Perspektive der Informanten und dem Folgen der Blicke beurteilen, wer der wissende Informant ist, um an das Futter zu kommen. Indem sie die Position eines Menschen einnehmen und von dort aus seiner Blickrichtung folgen, finden sie heraus, was der Mensch sieht und wem er trauen kann.« (→ L. Huber, Literatur, Seite 236) Das Erkennen von Wissenszuständen anderer ermöglicht den Hunden, Herrchen oder Frauchen besser zu verstehen und eine enge Bindung zum Menschen aufzubauen.

Die Versuche der Wiener Forscher haben in meinem Kopf eine riesige Wissenslücke geschlossen. Sie zeigen uns, wie wichtig für Hunde der Blickkontakt ist. Hunde lesen aus unserem Gesicht mehr, als wir uns je vorstellen konnten.

Wenn Momo und ich uns anschauen, können wir unsere Gefühle deuten. Momos Augen verraten mir, wie er sich fühlt. Und umgekehrt. Seine Augen sind sozusagen wie ein Tor in seine Welt.

11

Kommu-nikation: Wer bist du?

Hunde lernen auch, wer gut zu ihnen ist. Die Fachwelt war erstaunt, als Nastassja Gfrerer und Michael Taborsky von der Uni Bern ihre Ergebnisse vorstellten (→ Literatur, Seite 235). Sie untersuchten, wie oft und rasch Belgische Schäferhunde ihren Artgenossen Futter zuspielten. Beide Tiere saßen in getrennten Käfigen und mussten an einem Seil ziehen, um Futter, das auf einer Plastikschale lag, in Reichweite des anderen zu befördern.

Der Futter beschaffende Hund bekam hierbei selbst nie eine Belohnung. Er konnte aber profitieren, wenn der Partner im nächsten Versuchsabschnitt dann für ihn Futter heranzog. Die Hunde hatten vor dem Versuch keinen Kontakt miteinander und kannten sich nicht. Sie waren auch keine Geschwister oder miteinander verwandt. Dies ist besonders wichtig, damit die Hunde ihre Entscheidung, zu kooperieren oder nicht, nur auf die Erfahrung während des Experiments stützen konnten. Wenn den getesteten Hunden zuvor von einem Artgenossen geholfen worden war, zogen diese in der Folge mehr für ihren Versuchspartner, als wenn ihnen der Artgenosse vorher nicht geholfen hatte. Zur Überraschung der Forscher waren die Hunde gegenüber unbekannten Hunden, die sie vorher nicht gesehen hatten, genauso spendabel wie gegenüber jenen, die ihnen direkt zuvor geholfen hatten.

Die Ergebnisse zeigen, dass Hunde ihre Entscheidung, einem Sozialpartner zu helfen, nicht auf ihre Erfahrung mit einem bestimmten Individuum stützen, sondern generell durch den erfahrenen Beistand Artgenossen gegenüber hilfsbereiter werden – selbst wenn sie diese vorher noch nie getroffen hatten. Hunde handeln also nach dem Motto: »Hilfst du mir, helfe ich allen.«

Ein Lebewesen, welches einem anderen Tier Futter oder Nahrung gezielt zuspielt, sollte meines Erachtens auch eine Vorstellung von seinen Wünschen und Bedürfnissen haben. Vielleicht denkt es sogar: »Damit kann ich ihm eine Freude bereiten.« Die Kunst, sich in die Welt des anderen zu versetzen, ist das Gebäude der Bindung. Zwischen Momo und mir hat sie ein sichtbares Fundament. Nun müssen wir nur noch das Haus bauen. Das ist noch viel Arbeit, aber auch viel Freude.

Momo macht Fortschritte

Freude erlebe ich jeden Tag durch Momo. Er ist eine Bereicherung meines Lebens und hält mich geistig fit. Momo macht große Fortschritte. Sie erinnern sich: Momo hatte in den ersten Tagen nach seiner Ankunft Angst, aus einem Bach zu trinken. Heute geht er bis zum Bauch in einen See oder Weiher und trinkt genüsslich daraus. Bei fremden Gewässern ist er immer noch vorsichtig. Ich muss ihn ermuntern. Ich beuge mich herab, greife mit der Hand ins Wasser und bewege es. Ich spritze ihn jedoch nicht an. Dabei spreche ich ein paar Liebkosungen aus. Momo wird dann neugierig und streckt seinen Kopf ans Wasser. Er trinkt noch nicht. Ich nehme eine Handvoll Wasser und strecke sie ihm entgegen. Er schlabbert es dann aus der Hand. Dies mache ich drei- bis viermal, dann trinkt er aus dem Weiher. Beim nächsten Spaziergang an den gleichen Weiher trinkt er ohne Aufforderung und geht ins Wasser.

Tag für Tag erobert er für sich eine fremde Welt. Erobern macht ihm Spaß, er lernt gerne. Er ist aufgeschlossen für Neues, wenn er sich sicher fühlt. Täglich erfährt Momo, dass er zwei zuverlässige Freunde hat. Meine Frau und mich. Dieses Gefühl gibt ihm Sicherheit und Mut, die Welt zu erkunden. Das war und ist ein langer Prozess.

Momo ist im Vergleich zu den ersten Wochen unseres Zusammenlebens viel mutiger geworden. Zu Beginn lief er im Garten immer die gleichen Wege ab, heute ist es sein Garten. Jeder Winkel wird mit der Nase geortet und markiert. Er läuft auch an den Zaun, wenn ein fremder Hund vorbeiläuft. Aber er bellt noch nicht. Vielleicht kommt es noch. Jeden Tag gewinnt er Selbstbewusstsein.

Momo ist ein friedlicher Erdenbürger und verträgt sich mit seinen Artgenossen, wenn sie ihn nicht durch aggressives Bellen herausfordern. Das lässt er sich nicht gefallen. Er demonstriert seine Größe, Kraft und tiefe Stimme. In aller Regel verstehen die anderen Hunde, mit wem sie es zu tun haben. Nur einmal hat ein Artgenosse ihn angegriffen. Es gab einen kurzen Kampf, und der Angreifer lag auf dem Rücken. Weder der Angreifer noch Momo wurden dabei verletzt. Ein typischer

Hundekampf ohne Blessuren. Der Angreifer trollte sich. Er verstand, dass Momo eine Nummer zu groß für ihn war. Mit Momo spazieren zu gehen, ist entspannend, denn Menschen und anderen Tieren gegenüber ist er friedlich. Auch jagt er kein Wild im Wald wie seine Freundin Mokka.

Eine starke Bindung

Wie sehr Momo und ich aneinander gebunden sind, erfuhr ich hautnah. Seit ein paar Tagen ist Momo erkrankt. Start seiner Krankheit war der Zwingerhusten. Momo hustete und würgte und hatte Fieber, wie der Tierarzt festgestellt hatte.

Während des Besuchs beim Tierarzt zeigte mir Momo, wie sehr er mir vertraut. Der Tierarzt sprach beruhigend auf ihn ein und streichelte ihn. Momo geriet nicht in Panik. Er schaute mich immerfort an und verfolgte mein Verhalten. Wir kommunizierten wortlos miteinander. Ohne große Aufregung konnten wir diesen großen Hund auf einen Tisch legen, um Computerbilder zu machen. Glücklicherweise sind seine Lunge und sein Herz gesund.

Während er dalag, leckte er kurz meine Hand, die ihn festhielt. Nach der Behandlung saß Momo ruhig neben mir. Er war sichtlich nicht aufgeregt. Er wusste, dass in meinem Beisein keine Gefahr droht. Wir beide haben es innerhalb von sechs Monaten geschafft, eine Bindung aufzubauen.

Grundlage jeder Bindung ist die Fähigkeit, mit dem anderen zu kommunizieren. Ohne Kommunikation gibt es keine Bindung. In der Regel erfolgt die Kommunikation auf Artebene, aber es gibt auch eine übergreifende Verständigung. Wie gut zwischenartliche Kommunikation funktionieren kann, demonstriert uns täglich der Umgang mit unseren Haustieren.

Dicht an meiner Seite. Auch wenn vieles für Momo neu ist, versetzt ihn ein Spaziergang durch Freiburg nicht in Panik.

Hier gelingt es Sender und Empfänger, die Kommunikationskanäle des jeweils anderen anzuzapfen – ähnlich einem Hacker, der das Computerprogramm eines anderen anzapft. Im Gegensatz zum Computer spielen bei der Mensch-Tier-Kommunikation aber die Gefühle und Emotionen eine entscheidende Rolle.

Es gibt zwischen Menschen und Tieren keine Artgrenze in der Kommunikation. Verstehen Hunde, was wir sagen? Viele Leute wollen wissen, ob Hunde wegen ihrer engen Bindung zum Menschen die menschliche Kommunikation besser verstehen als andere Tiere. Wir alle wissen, dass Hunde die Bedeutung von Kommandos wie zum Beispiel »Platz« und »Sitz« lernen können. Die Forschung zeigt, dass Hunde die Fähigkeit besitzen, die Bedeutung von Hunderten Wörtern zu lernen. In einem Fachartikel hielten die Forscherinnen Juliane Kaminski und Marie Nitzschner fest, dass Hunde die menschliche Kommunikation flexibler nutzen als Schimpansen (→ Literatur, Seite 236).

Wir wissen auch, dass Hunde unseren Gesichtsausdruck deuten können. Sie sind in der Lage, emotionale Zustände zu erkennen – wie mein Bernhardiner Balu nach meinem Klinikaufenthalt bewies (→ Seite 144).

Auch wenn Hunde nicht unsere Sprache sprechen, haben sie doch mit der Zeit gelernt zu verstehen, was wir meinen. Immer wieder haben es Menschen geschafft, diese Grenzen zu überwinden. Weltberühmt wurde die Schimpansen-Forscherin Jane Goodall, als sie die ersten Kontakte mit wilden Schimpansen im Gombe-Nationalpark aufnahm. Bei einem Spaziergang mit Professor Bernhard Hassenstein in Freiburg erzählte sie uns, wie sie mit der Schimpansenmutter Flo und ihrem Sohn Flint kommunizierte. Ihre Worte und ihre Art zu erzählen, haben mich zutiefst beeindruckt und tiefe Spuren hinterlassen. Sie helfen mir, so ein liebes Geschöpf wie Momo besser zu verstehen.

Rico, der Unverstandene

Momo erinnert mich manchmal an meine frühe Kindheit und an Rico, einen Berner Sennenhund. Es war der erste Hund, den mir meine Eltern schenkten. Ein Freund meines Vaters schwärmte von Berner Sennenhunden, die er während des Krieges in der Schweiz kennenlernte. Er war Jude, und mein Vater hat ihn in der Nazizeit in die Schweiz gebracht. Sie waren echte Freunde. Seine Erzählungen über diese Hunde weckten den tiefen Wunsch in mir, solch einen Hund als Freund zu haben. Diese Rasse war Ende der 1950er-Jahre ausgesprochen selten in Deutschland. Aber dann half mir der Zufall. In unserer Badischen Zeitung wurden Berner Sennenhunde zum Kauf angeboten, aber leider nicht in unserer Umgebung, sondern

700 Kilometer entfernt in Hannover. Mein Vater und meine Mutter waren gegen den Kauf einer dieser Hunde. Es war ihnen einfach zu unsicher, was da auf sie zukommen würde. Aber ich setzte mich mit all meinem kindlichen Charme durch.

Rico wurde vom Züchter in eine Transportkiste gepackt und mit dem Zug nach Freiburg geschickt. Er musste viele Stunden in der Transportkiste verbringen, bis wir ihn endlich befreien konnten. Völlig verängstigt sah er uns an, als wir die Transportkiste öffneten; der Schwanz war eingezogen, und Rico gab keinen Ton von sich. Wir führten seine Angst auf den Transportstress zurück und dachten uns nicht viel dabei. Zu Hause hatten wir alles vorbereitet: Schlafecke mit Decke im Gang unserer Wohnung, Futter, Wasser und ein Seil, an das wir mehrere Zweige zum Spielen angebunden hatten. Spielsachen für Hunde gab es in jener Zeit noch nicht.

Meine Mutter und ich waren guten Mutes. Wir versuchten, Rico zu streicheln, aber jeder Annäherung wich er aus und rannte davon. Wir gaben ihm Zeit, um sich an die neue Umgebung zu gewöhnen, wir drängten ihn nicht. Meine Mutter predigte mir immer wieder, Geduld zu haben. Aber als sich sein Verhalten nach einer Woche immer noch nicht geändert hatte, wurden wir stutzig. Rico, so hatten wir ihn getauft, ließ sich nur durch Futter anlocken. Er nahm es vorsichtig, aber schnell mit der Schnauze und rannte davon. Er reagierte wie ein wilder Fuchs oder Wolf. Auch nach drei Wochen änderte sich sein Verhalten nicht. Um mit ihm spazieren zu gehen, musste man ihn einfangen. Auch an der Leine verlor er seine Angst nicht. Mit eingezogenem Schwanz und vollkommen ängstlich näherte er sich anderen Hunden. Auch Momo reagierte in der ersten Woche ängstlich auf andere Hunde. Alles war neu für ihn, selbst seine Artgenossen.

Momos Lieblingsruheplatz. Auf dem glatten Parkett vor dem Teppich zu laufen, ohne auszurutschen, musste er erst lernen.

Rico verlor nie seine Angst vor anderen fremden Hunden. Dennoch war er an der Umwelt interessiert. Riechend und hellwach untersuchte er die Felder, die mein Elternhaus umgaben. Leider konnte man ihn nur selten von der Leine lassen, weil immer die Gefahr bestand, dass er kopflos wegrannte. Auf Zuruf reagierte er nur, wenn er hungrig war und ich ihm etwas zu fressen gab. Ich war verzweifelt. Auch meine Tante, die viel Erfahrung mit Hunden hatte, wusste keinen Rat. Ich gab Rico all meine Liebe und Kraft. Immer und immer wieder versuchte ich, ihn zu streicheln, und ich ging, sooft ich konnte, mit ihm spazieren. Ich war hartnäckig, aber ohne Erfolg. Ein Zusammenleben mit ihm in der Wohnung war auf die Dauer nicht möglich, denn er wurde nie stubenrein.

Nach sechs oder sieben Monaten vergeblicher Versuche der Zähmung ließ mein Vater für ihn einen großen Zwinger auf dem Fabrikgelände bauen. Ich hatte den Eindruck, dass er sich im Zwinger wohler fühlte. Hier war er eins mit seiner Umwelt, frei von menschlicher Belästigung. Trotz leichter Besserung blieb Rico zeitlebens ein scheuer, ängstlicher Hund und mied die Menschen.

Warum reagierte Rico so für Hunde untypisch?

Eine klare, eindeutige Antwort darauf gibt es nicht, aber Hypothesen, die sein Verhalten erklären können. In Wirklichkeit ist sein Verhalten gar nicht untypisch, wie die Forscher Scott, Fuller und Freedman herausfanden. In ihren Experimenten konnten sie zeigen, dass Hunde, wenn sie im Alter von neun bis 14 Wochen keinen Kontakt mit Menschen hatten, diese mieden.

Hunde müssen frühzeitig lernen, was Menschen sind. Fehlt ihnen die Erfahrung, dass Menschen Teil ihrer sozialen Umwelt sind, entwickeln sie keine Vorstellung für den Umgang mit Menschen. Das Fenster, in dem gelernt wird, was Menschen sind, ist nur in einer ganz bestimmten Entwicklungsphase geöffnet. Dieses Zeitfenster ist maßgeblich für die

Prägung eines Tieres. All dies wusste man zu der Zeit, als ich Rico bekam, noch nicht. Die Entdeckung der Prägung durch den Nobelpreisträger Konrad Lorenz fand erst später statt.

Die Prägung

Die Prägung ist ein spezifischer Lernvorgang, der dadurch gekennzeichnet ist, dass man das Gelernte kaum vergisst und dass der entsprechende Lernvorgang nur in einer bestimmten Entwicklungsphase stattfindet. So müssen zum Beispiel die

GUT ZU WISSEN

Die Sozialisierungsphase

Im Lauf der drittten Lebenswoche öffnen sich allmählich die Augen des Welpen, und auch die anderen Sinne funktionieren nun. Er wird zunehmend mobiler und beginnt jetzt bewusst, seine Umwelt wahrzunehmen und zu erkunden, mit Mutter und Geschwistern zu spielen, Erfahrungen zu machen und daraus zu lernen, wie: Was sind Artgenossen? Wie sieht meine Umgebung aus? Was ist gefährlich, was nicht? Jetzt beginnt die Sozialisierungsphase, die etwa bis zum Ende des vierten Lebensmonats dauert. Das Hundegehirn ist nur in dieser Zeitspanne besonders empfänglich für nachhaltiges, prägungsähnliches Lernen. Vielleicht können Sie sich vorstellen, was einem Welpen alles fehlt, wenn er seine ersten Lebensmonate im Zwinger, ohne Kontakt zu Menschen, Artgenossen und ohne Erkundungsmöglichkeiten verbringen musste.

australischen Zebrafinken in ihrer Kindheit die Merkmale erlernen, wie ihr späterer Sexualpartner aussieht. In diesem Fall spricht man von sexueller Prägung. Die Sozialisation des Hundes mit dem Menschen ist ein prägungsähnlicher Vorgang, von dem man Mitte der 1950er-Jahre keine Vorstellung hatte. Vermutlich hat der Züchter von Rico mit den kleinen Kerlchen keinen Kontakt gehabt, und sie haben nie einen Menschen zu Gesicht bekommen. Das würde Ricos Verhalten weitgehend erklären, allerdings nicht seinen Umgang mit Artgenossen. Warum mied er sie auch? Ich stelle mal eine gewagte Hypothese auf. Ich vermute, Rico war ein tierischer Autist.

Für Autisten ist der Umgang mit anderen Menschen schwierig. Viele meiden Blick- und Körperkontakt und können Mimik und Gestik nur schlecht deuten. Neben Kommunikationsstörungen gehören dazu auch Wiederholungen bestimmter Bewegungen und Wortäußerungen. Ob Tiere Autisten sein können, ist heute noch eine Streitfrage. In der wissenschaftlichen Forschung ist man da schon weiter. Sie hat eine Modellmaus geschaffen, die autistische Merkmale aufweist. Die Versuchsmäuse putzten sich unaufhörlich, andere hüpften ständig auf der Stelle, und sie zeigten kein Interesse an Käfiggenossen. An diesen Tieren versucht man, Medikamente zu entwickeln, die die Symptome des Leidens erleichtern. Erste Erfolge sind schon zu verzeichnen, zumindest bei Mäusen.

Wie immer der Streit auch ausgeht, ich bin überzeugt: Rico war einer der ganz seltenen Fälle eines autistischen Hundes, denn er mied nicht nur Menschen, sondern auch seine Artgenossen. Selbst kleinen Hundewelpen ging er aus dem Weg. Keiner aus der Familie – einschließlich meiner Geschwister – hat es geschafft, zu Rico eine Bindung aufzubauen. Bei Momo haben wir da entschieden mehr Glück.

12

Bindung, der Kitt des Zusammenlebens

Wir kennen Momos Biografie nicht. Aber er verhält sich anderen Lebewesen gegenüber sehr freundlich – angeblich lebte er zu Beginn auf einem Bauernhof und hatte dort auch Kontakt mit Menschen. Erst in den letzten Jahren vereinsamte er und wurde auf engstem Raum eingesperrt sowie sich selbst überlassen.

Ähnliches erfuhr Kaspar Hauser (→ Seite 60), der in der frühen Kindheit mit Menschen zusammenlebte und dann erst eingesperrt wurde. In allen Berichten wurde sein sanftmütiges Wesen herausgestellt. Und besonders dankbar war er dem Mann, der ihn mit Essen versorgte. Kaspar Hauser hegte keinen Groll gegen ihn, nur hätte er sehr gerne die Schönheit der Welt früher erfahren. Momo hat eine Bindung zu meiner Frau und mir aufgebaut, so wie Kaspar Hauser es auch zu seinen Betreuern empfand.

Bindung: Der Schlüssel zum anderen, zum Gegenüber

Beim Spaziergang, aber auch zu Hause beobachtet Momo immer ganz genau, was wir machen, und sucht Schutz bei uns, wenn ihn die Angst überfällt. Gestern gab es solch eine Situation. Irgendjemand warf einen laut explodierenden Feuerwerkskörper in unseren Garten.

Wir saßen gerade gemütlich im Wohnzimmer. Momo erschrak und bekam Angst. Panikartig lief er zu uns und ließ sich streicheln. Er beruhigte sich schnell. Noch vor vier Monaten wäre er kopflos und angsterfüllt durch den Raum gerannt. Nun weiß er, dass er Schutz bei uns findet. Für mich und meine Frau ist es ein klares Zeichen, dass wir eine Bindung zu ihm aufgebaut haben. Momo lässt bei uns seine Gefühle raus, die wir verstehen und auf die wir eingehen.

Ohne Bindung ist für ein sozial lebendes Tier wie den Hund das Leben sehr schwer und führt zu Verhaltensstörungen. In der Frühphase menschlicher und tierlicher Entwicklung werden entscheidende Weichenstellungen für das spätere Leben vorgenommen. Das ist zweifelsfrei die Vorbereitung auf das Erwachsenenleben. Beim Menschen besteht die Vorbereitung darin, dass auf der Grundlage sicherer Beziehungen Informationen erworben werden können, die ein Zurechtfinden in der Welt ermöglichen.

Der Wissenschaftler John Bowlby gilt als einer der Pioniere der Bindungsforschung. Er zeigte, dass Babys genetisch vorprogrammiert sind, eine Bindung an eine feste Bezugsperson zu suchen und aufzubauen. Die sichere Beziehung zu einer vertrauten Person spielt eine wichtige Rolle bei der seelischen Entwicklung eines Menschen und der Tiere.

Persönlichkeitsentwicklung

Wie gut oder wie schlecht sich die Persönlichkeit eines Menschen oder sozialen Tieres entwickelt, ist von seiner sozialen Erfahrung abhängig. John Bowlby und Mary Ainsworth beziehen sich auf die Tatsache, dass die Bindung an die Mutter beziehungsweise an die Eltern ein lebensnotwendiges System in der Entwicklung darstellt und im Laufe der Stammesgeschichte einen hohen Anpassungswert erlangt hat. Beim Menschen ist dieser Mechanismus als stammesgeschichtlicher Rest noch vorhanden; der Säugling bindet sich zwangsläufig an seine Bezugsperson. Auf der Gegenseite bildet auch die Bezugsperson eine Bindung zum Kind.

Eine Bindung des Kindes entwickelt sich nach Auffassung von John Bowlby und Mary Ainsworth in mehreren Phasen (→ J. Bowlby/M. Ainsworth, Literatur, Seite 235):

1. Vorbindungsphase: Hier reagiert der Säugling zwar allgemein auf Menschen, besonders auf das menschliche Gesicht, jedoch ohne zwischen einzelnen Personen zu unterscheiden. Die besondere Bevorzugung des Gesichts hängt mit der Reifung der Sinnesorgane zusammen.

2. Entstehungsphase: Das Kind unterscheidet Personen hinsichtlich ihrer Vertrautheit. Dies wird ab dem dritten Lebensmonat angenommen.

3. Bindungsphase: Man nimmt an, dass etwa ab dem siebten Monat Bindungen zu individuellen Personen ausgebildet sind. Die Fähigkeit, Personen wiederzuerkennen, setzt bestimmte kognitive Leistungen voraus, nämlich das Erkennen von Objekt- und Personenpermanenz (eine Person wird als die gleiche wiedererkannt). Das Kind muss demnach eine Vorstellung davon entwickelt haben, dass bestimmte Personen oder Objekte existieren, auch dann, wenn sie nicht sichtbar sind.

Kann man messen, wie gut eine Bindung ist?

Ein Anliegen der Forscher war es, die Qualität der Bindung messbar zu überprüfen. Die Wissenschaftler Mary Ainsworth und Barbara Wittig entwickelten den Fremde-Situation-Test, der es erlauben sollte, die Qualität einer Bindung unter standardisierten Bedingungen zu erfassen (→ Ainsworth/Wittig, Literatur, Seite 235).

Kleinkinder werden bei diesem Test mit ihrer Mutter in einen fremden Raum gebracht. In einer festgelegten Reihenfolge entfernt sich die Mutter aus dem Raum, kommt eine fremde Person zum Kind, kommt die Mutter zurück. Beobachtet wird, wie das Kind spielt und wie es sich gegenüber der Mutter und der fremden Person in den verschiedenen Untersuchungsabschnitten verhält.

Ein aufschlussreiches Ergebnis dieses Tests ist: Wenn die Mutter nach kurzer Abwesenheit wieder den Raum betritt, suchen manche Kinder sofort die Mutter auf, andere sehen sie nicht an und vermeiden es, Kontakt mit ihr aufzunehmen. Aus diesem Verhalten des Kindes wurde auf die Qualität der Bindung des Kindes zur Mutter geschlossen:

Kinder sind sicher gebunden. In diesem Fall suchen sie aktiv den körperlichen Kontakt zur Mutter wiederherzustellen, wenn diese den Raum erneut betritt, oder sie zeigen wenigstens Freude aus der Entfernung.

Kinder sind unsicher-ambivalent gebunden. Sie suchen zwar den Kontakt zur Mutter, zeigen jedoch Ablehnung, indem sie etwa versuchen, die Mutter zu hauen.

Dieser Test ermöglicht eine Aussage über die Stärke der Bindung zweier Menschen.

Gibt es so einen Test auch für Tiere? Das Team des Psychologen József Topál testete Hunde mit der gleichen Methode wie die Forscherinnen Mary Ainsworth und Barbara Wittig. Nur statt der Kinder waren nun Hunde die Probanden. (→ J. Topál, Literatur, Seite 237)

Der Test bei Tieren

Der Hund und sein Besitzer betreten einen leeren Raum, in dem Spielsachen liegen. In einer festgelegten Reihenfolge verlässt der Besitzer den Raum. Ab und zu betritt ein Fremder den Raum und spielt mit dem Hund, während der Besitzer draußen ist, und verlässt dann wieder den Raum. Eine gewisse Zeit ist der Hund allein und beide Personen – Besitzer und Fremder – betreten den Raum.

Ergebnis: Hunde reagierten ähnlich wie Kinder. In Anwesenheit des Besitzers spielten sie mehr und untersuchten den Raum. Kinder versuchten, ihre Mutter im Raum zu finden, Hunde standen an der Tür, aus welcher der Besitzer trat. Andere Forscher fanden heraus, dass die Hunde, nachdem ihr Besitzer den Raum verlassen hatte, starkes Suchverhalten zeigten. Nach Rückkehr des Besitzers wedelten die Hunde mit dem Schwanz und begrüßten ihn und nicht die fremde Person.

József Topál schloss aus diesen Versuchen, dass die Bindung zwischen Mutter und Kind ähnlich der Bindung zwischen Mensch und Hund ist.

Marta Gacsi, wie József Topál ebenfalls von der Uni in Budapest, führte den Fremde-Situation-Test mit Hütehunden durch. Statt des Besitzers spielte eine Person mit dem Hund zehn Minuten lang am Tag, drei Tage hintereinander. Diese kurze Interaktion des Spielens und Streichelns hat ausgereicht, dass der Hütehund bei dieser Person bleibt und nicht mit einer anderen den Raum verlässt oder womöglich abhaut. Wenn die vertraute Person in den Raum zurückkehrt, nähert sich der

Hund ihr und nicht der fremden Person. Es scheint, als ob die Hütehunde schnell eine Bindung aufbauen. Aber Vorsicht ist mit der Interpretation bei diesem Experiment geboten.

Die Qualität der Bindung

Wichtig ist auch, dass in der Art der Qualität der Bindung zwischen Eltern und Kind beim Menschen große Unterschiede zwischen den Individuen bestehen. Etwas Ähnliches lässt sich auch bei Vögeln und Säugetieren beobachten – und wurde bei Primaten eingehend beschrieben. Nämlich das Phänomen, dass jede Beziehung ihre eigene Ausprägung hat und dass die Bindungen durchaus unterschiedliche Qualitäten haben.

In der Frühphase menschlicher und tierlicher Entwicklung werden entscheidende Weichenstellungen für das spätere Leben vorgenommen. Und da sind wir bei der zweiten Hauptfragestellung, nämlich nach den Funktionen eines Verhaltens – dem Anpassungswert. Das ist zweifelsfrei die Vorbereitung auf das Erwachsenenleben. Beim Menschen besteht die Vorbereitung darin, dass auf der Grundlage sicherer Beziehungen Informationen erworben werden können, die ein Zurechtfinden in der Welt ermöglichen.

Wie gut oder wie schlecht sich die Persönlichkeit eines Menschen entwickelt, ist von seiner sozialen Erfahrung abhängig. Das war eine der wichtigen Erkenntnisse von John Bowlby und seiner Schülerin Mary Ainsworth. Mithilfe der Bindungstheorie kann erklärt werden, warum emotionale Schmerzen wie Angst, Wut und Hass und auch spätere psychische Erkrankungen wie Depression und emotionale Entfremdung durch elterliche Zurückweisung oder durch unfreiwillige Trennung oder den Verlust der Bindungsperson mitbedingt und ausgelöst werden.

Eine gute Beziehung entsteht nur dann, wenn wir auf die Persönlichkeit des anderen eingehen und ihn respektvoll behandeln.

Zu einer biologisch intakten Bindung eines Lebewesens gehört das Erleben von Verbundenheit, Nähe, Zärtlichkeit, Schutz und Anhänglichkeit. Sind diese Bedingungen erfüllt, kann der junge Organismus seine Umwelt angstfrei erkunden. Wenn nicht, kommt es nach der Bindungstheorie zu Mängeln bezüglich angemessenen Schutzes und ausreichender Fürsorge. Das Referenzsystem der Bindungstheorie ist die Biologie der beiden Individuen. Hiermit sind unter anderem die Genetik, die Persönlichkeit, die Kognitionsleistungen und die Umwelterfahrungen gemeint.

Mein Freund, der Hund

Wer mit mehreren Hunden, Katzen, Wellensittichen, Papageien oder mit einer anderen Tierart zusammenlebt, wird früher oder später beobachten, dass einige von ihnen unterschiedlich starke Bindungen zu ihren Artgenossen aufbauen. Man sieht, dass manche Tiere häufiger zusammenliegen, sich kraulen oder lecken. Unsere Schlussfolgerung liegt auf der Hand: Einige von ihnen sind Freunde. Für Tierfreunde gibt es daran keinen Zweifel.

Aber die Fähigkeit, Freundschaft als gegenseitige freiwillige Bindung zwischen biologisch nicht verwandten Individuen zu entwickeln, sprach man lange Zeit allein dem Menschen zu. Tiere seien dazu nicht fähig. Erst durch die Evolutionstheorie von Charles Darwin, in der gezeigt wurde, dass zwischen Menschen und Tieren eine Verwandtschaft besteht, begann das Gebäude der scharfen Trennung von Mensch und Tier äußerst langsam zu bröckeln. Das Bild der Tiere in den Köpfen der Menschen veränderte sich – hoffe ich. Viele Hundefreude haben verstanden, dass ihr Begleiter ihr Freund ist, mit allen Stärken und Schwächen.

Wir zweifeln keine Minute daran und werden jeden Morgen Zeuge unserer Freundschaft mit Momo. Wir freuen uns, wenn wir uns sehen. Wir zeigen gegenseitig unsere Freude, und wir verstehen die Signale.

Aus meiner langen Erfahrung sowohl mit Wildtieren als auch mit Haustieren komme ich zur Erkenntnis, dass wir Menschen für Tiere interessante Lebewesen sind. Vorausgesetzt, wir behandeln sie wie Personen und respektieren ihre Persönlichkeit. Tiere auf der gleichen Augenhöhe zu betrachten, ist sowohl für das Tier als auch für uns Menschen ein Gewinn.

Empathie empfinden

Aufgrund der Fähigkeit, Empathie zu empfinden wie kein anderes Lebewesen, haben wir einen Schlüssel in der Hand, in die innere Welt eines anderen Organismus zu blicken.

Wir sind in der Lage, die Gefühle und Verhaltensweisen eines Löwen, eines Hundes oder Pferdes zu interpretieren. Und wenn wir unseren Sinnen und Gefühlen nicht trauen, sind wir in der Lage, Experimente durchzuführen, die unsere Auffassung unterstützen oder verwerfen.

Ein Tier, das sich verstanden fühlt, entwickelt Vertrauen, Neugier und Zuneigung dem Menschen gegenüber. Kein Tier versteht womöglich ein anderes Tier so gut wie wir. Das ist eine besondere Leistung unseres Gehirns, das einem langen Evolutionsprozess unterworfen war und ist. Wir haben es im wahrsten Sinne des Wortes in der Hand, eine Bindung zwischen Mensch und Tier aufzubauen.

Wir sind in der Lage, mit unseren Händen nicht nur Klavier zu spielen oder ein Werkzeug herzustellen, sondern auch Gefühle auszudrücken, indem wir mit ihnen einen anderen Organismus streicheln und unsere positiven Gefühle auf ein anderes Lebewesen übertragen. Heute sind wir sogar in der Lage, dies naturwissenschaftlich zu messen.

Zahlreiche Untersuchungen belegen, dass bei Tieren, die gestreichelt wurden, die Stresshormone (Cortisol) gesenkt werden und der Spiegel des Bindungshormons (Oxytocin) ansteigt.

GUT ZU WISSEN

Das Hormon Oxytocin

Oxytocin ist ein Neurotransmitter (→ Seite 124), ein chemischer Botenstofff, der das Verhalten reguliert. Es fördert soziale Bindungen, stärkt das Vertrauen, reduziert Stress und Angst, dämpft Aggressionen und macht emphatisch. Diese positive Wirkung hat dem Oxytocion den Beinamen »Kuschelhormon« eingebracht. Wie der Oxytocin-Spiegel bei Mensch und Hund steigt, je länger sie sich in die Augen schauen, habe ich Ihnen auf Seite 112 beschrieben. In einem weiteren Experiment sprühten die Forscher den Hunden Oxytocin in die Nase. Im Vergleich zu einer Kontrollgruppe, in der Hunde nur eine Salzlösung bekommen hatten, suchten die mit dem Bindungshormon besprühten Tiere besonders intensiv den Blickkontakt zu ihren Besitzern, was bei diesen wiederum eine Oxytocin-Ausschüttung bewirkte. Allerdings klappte das nur bei weiblichen Hunden.
»Die Ergebnisse bekräftigen die Existenz eines selbsterhaltenden Oxytocin-Regelkreises zwischen Hunden und Menschen, der dem zwischen Müttern und Kindern ähnelt«, schreiben die Wissenschaftler. »Vermutlich habe die Entwicklung dieser positiven Rückkopplung die tiefe Bindung von Hund und Mensch, über Artgrenzen hinweg, ermöglicht«, heißt es weiter.

So fanden Johannes Odendaal (2000) und Odendaal und Pieter J. Meintjes (2003), dass sowohl bei Menschen als auch bei Hunden der Oxytocin-Spiegel im Plasma nach zwei- bis fünfminütigem Streicheln des Hundes signifikant ansteigt.

Dieser Anstieg war höher, wenn die Versuchsperson ihren eigenen statt eines fremden Hundes streichelte. Das legt nahe, dass der Oxytocin-Anstieg von der Qualität der Beziehung zwischen Mensch und Hund abhängig ist:

»Je enger die Beziehung, desto mehr Oxytocin wird wahrscheinlich durch die Interaktion freigesetzt.« (→ Henri Julius et al, Literatur, Seite 236)

Aber nicht nur Hunde lieben es, gestreichelt und gekitzelt zu werden, sondern auch Ratten. Jaak Panksepp, einer der führenden Köpfe der Emotionsforschung, konnte dies in seinen Experimenten nachweisen.

In einem ersten Experiment wurden die Ratten in Einzelkäfigen mit dem Finger entweder gekitzelt oder gestreichelt. Die Behandlung dauerte zwei Minuten und zog sich über fünf Tage hin. Dabei zeichneten die Forscher die 50-Kilohertz-Laute auf, die Ratten in angenehmen Situationen äußern.

Die mit dem Finger gekitzelten Ratten stießen siebenmal häufiger die 50-Kilohertz-Laute aus als die gestreichelten Ratten. Dabei nahm die Intensität der Rufe zu – offensichtlich genossen die Ratten das Kitzeln.

Um die Ergebnisse ihrer Versuche zu erhärten, maßen die Forscher die Geschwindigkeit, mit der sich die Ratten dem kitzelnden beziehungsweise dem streichelnden Forscher näherten. Um die Hand des Forschers zu erreichen, mussten die Ratten eine Strecke von 50 Zentimetern zurücklegen. Die regelmäßig gekitzelten Ratten rannten viermal schneller als die gestreichelten Ratten.

13

Momo geht auf Reisen

MOMO GEHT AUF REISEN

Wir machen Urlaub in Heiligenhafen an der Ostsee. Mindestens einmal im Jahr muss das Heimweh meiner Frau nach Heiligenhafen gestillt werden. Wir freuen uns trotz langer Autofahrt. Wie wird Momo auf die vielen neuen Eindrücke reagieren? Die zehnstündige Autofahrt von Freiburg nach Heiligenhafen steckt er locker weg. Einige kurze Pausen – und seine Welt war in Ordnung. Autofahren ist er gewöhnt.

Spannend wird es, wie er auf die Ferienwohnung reagiert. Alles ist fremd und neu, einschließlich des Aufzugs. Momo ist vermutlich noch nie in einem Aufzug gefahren, und so reagierte er auch. Er wollte ihn nicht betreten. Gutes Zureden, Streicheleinheiten und ein sanfter Zug mit der Leine stoppten seinen Widerstand. Schließlich betrat er den Aufzug. Ich glaube, Momo hatte keine Angst, aber er musste erst mit der neuen

Situation fertigwerden. Momo braucht Zeit, um Neues zu verarbeiten. Nach etwa zehn Fahrten gehörte Aufzugfahren zum Alltag. Momo inspizierte die Wohnung sorgfältig. Der große Balkon, von dem er auf das Meer und in den Park schauen konnte, wurde sein Lieblingsplatz. Die Hunde unter ihm betrachtete er minutenlang, aber er bellte sie nicht an, wie es Balu getan hätte. Er sah sie nur nachdenklich an. Was immer er dachte – ich weiß es nicht.

Nach zwei bis drei Tagen wurde das Leben für ihn zum Alltag. Wir nahmen ihn überall mit, selbst ins Restaurant. Das war sehr wichtig. Er sollte das Gefühl bekommen, dass wir als fester Bezugspunkt immer da sind – auch dann, wenn sich die Umwelt ändert. Ich glaube, das ist uns auch gut gelungen. Wir drei fühlten uns pudelwohl.

Die Wellen der Ostsee

Ich konnte es kaum erwarten, Momos Reaktion auf die Ostsee zu erleben. Wie würde er auf die Wellen reagieren? Würde er Angst bekommen, wie vor dem kleinen Bach? Nun ist es so weit, wir drei stehen vor der See. Die Wellen, die sich hin- und zurückbewegen, wecken Momos Neugier. Er schaut dem Treiben interessiert zu, bewegt sich aber nicht vom Fleck. Ich spreche mit ihm und streichle ihn. Wir verharren in dieser Position vielleicht zehn Minuten.

Momo ist angespannt und bellt die unbekannten Wellen an, ist aber dennoch verhalten mutig. Dann mache ich ein paar Schritte ins Wasser, Momo folgt mir, ohne dass ich ihn dazu auffordere. Immer wieder betrachtet er die hin- und herschwappenden Wellen. Schließlich wird er mutiger, er patscht mit seiner Pfote ins Wasser. Daraus wird eine Art Spiel. Als

Das erste Mal am Meer. Zunächst bellt Momo die Wellen an, aber dann ziehen sie ihn regelrecht in Bann. Er wagt sich sogar ins Wasser.

Nächstes taucht er seine Schnauze ins Wasser, ohne zu trinken. Man hat den Eindruck, er untersucht alles. Er ist konzentriert und neugierig. Das Wellenspiel fasziniert ihn. Immer wieder schaut er gebannt auf das Meer und geht tiefer hinein. Am Schluss ist er bis zum Bauch im Wasser, spielt begeistert mit den angeschwemmten Algen und nimmt ein paar Schlückchen Ostseewasser zu sich.

Das hätte ich mir vor einem halben Jahr nicht vorstellen können. Täglich machen wir lange Spaziergänge am Meer. Je häufiger wir gehen, desto uninteressanter wird es für Momo. Es wird zum Alltagserlebnis. Spannend wird es für seine Artgenossen, mit denen er Fangspiele im flachen Wasser macht. Momo gewöhnt sich ans Seeleben.

Es macht Spaß, mit ihm zu reisen, er ist völlig unkompliziert. Ich habe das Gefühl, dass er dankbar ist und jeden Tag genießt. Er wird von Tag zu Tag mutiger und neugieriger. Wovor er früher ängstlich zurückschreckte, wird heute mit Nase und Pfote untersucht.

Wieder daheim

Nach gemütlicher Rückfahrt erwartet uns unser Zuhause. Wir sind neugierig, denn in unserer Abwesenheit wurde im Wohnzimmer neues Parkett verlegt. Die Überraschung bleibt nicht aus. Momo sieht und riecht den neuen Boden. Er betritt ihn, beschleunigt plötzlich und rutscht aus. Er gerät in Panik, keine aufmunternden Worte helfen. Er rutscht wieder aus und fällt hin. Er weigert sich, den Raum wieder zu betreten. Nichts hilft.

Ich lege schließlich den Raum mit Teppichen aus, aber so, dass Momo auf einem schmalen Stück das Parkett betreten muss, wenn er den Raum verlässt. Ich nehme ihn an die Leine und laufe mehrere Male mit ihm über das schmale Stück Parkett. Momo hat Vertrauen zu mir und lernt die neue Situation kennen, ohne zu stürzen. Von Tag zu Tag vergrößere ich den Spalt. Der Boden ist leider sehr rutschig. Es dauert ungefähr zehn Tage, bis Momo unbeschwert über das Parkett läuft.

In solch einer Situation darf man keinerlei Druck ausüben, sonst tritt Überforderung auf, und die alten Ängste brechen wieder auf. Geduld und Liebe sind die Katalysatoren, um die Ängste zu überwinden. Momo und wir wachsen zusammen. Sie fragen sich vielleicht, warum sich Momo in solch einer Situation so ängstlich anstellt. Die Funktion seines linken Hinterbeins ist manchmal beeinträchtigt. Er kann nicht richtig mit der Pfote auftreten. Er humpelt dann auf drei Beinen. Nach einer gewissen Zeit legt sich diese Störung wieder von allein. Mein Freund Christian ist Tierarzt. Er hat Momo gesehen und vermutet, dass er vielleicht Schläge auf die Rückenwirbel bekommen hat und einer der Wirbel verletzt wurde. Wir wissen es nicht. Solange es nicht schlimmer wird, rät Christian von einer ärztlichen Behandlung ab.

Mein Erfolgserlebnis

Diese Woche hatte ich ein großartiges Erfolgserlebnis mit Momo. Wir waren gemeinsam mit Hündin Mokka auf unserem täglichen Spaziergang im Sternwald von Freiburg. Unterwegs gibt es einen Brunnen der besonderen Art. Das Brunnenbecken ist kreisrund und hat einen Radius von drei bis vier Metern. Die Wand des Beckens ist ungefähr einen halben Meter dick. Mokkas springt immer auf diese Brüstung und von dort ins Wasser, wenn wir vorbeikommen. Momo schaut ihr zu, wie sie im Wasser planscht.

Aber dieses Mal hat mich der Ehrgeiz gepackt. Ich will, dass auch Momo in den Brunnen springt. Er ist interessiert. Ich springe auf die Brüstung und fordere ihn auf, mir zu folgen. Er versteht, was ich von ihm will. Er legt die Vorderpfote auf die Brüstung, springt aber nicht. Meine ganzen sachten Überredungskünste helfen nicht. Er springt nicht. Für ihn wäre es auch eine große Leistung. Ich spreche weiter ruhig mit ihm und streichle ihn. Ich will aufgeben und sein Verhalten akzeptieren. Aber – vielleicht ist es mein Ehrgeiz – ich starte einen neuen Versuch. Ich springe wieder auf die Brüstung und spreche beruhigend mit Momo. Zu meiner Überraschung: Momo springt hoch und von dort ins Wasser. Unglaublich! Ich bin glücklich, er hat seine Angsthürde überwunden.

Leider hat man Momo in seiner Kindheit wenig Möglichkeiten geboten, zu lernen und die Welt durch positive Lernerfahrung zu erkunden. Aber Momo ist auf dem besten Weg, diese Lücken zu schließen. Er wirkt manchmal wenig neugierig, aber kleinste Anregungen verleiten ihn, etwas Neues zu probieren. Es macht Spaß, seine Neugier und Lernbereitschaft herauszukitzeln. Wir haben den Eindruck, dass er gerne lernt.

14

Ohne Lernen geht nichts

Lernen ist für alle Lebewesen auf diesem Planeten von universeller Bedeutung. Selbst unter den kleinen Insekten wie Bienen und Ameisen gibt es Lernkünstler. Vor mehr als 50 Jahren hat der Nobelpreisträger Karl von Frisch die Menschen in Staunen versetzt, als er den Tanz der Bienen untersuchte. Anders als die menschliche Sprache, erfolgt die Sprache der Bienen in Form eines Tanzes. Mithilfe des Tanzes können die Bienen ihren Stockgenossen mitteilen, wie ertragreich die Futterquelle ist, wie weit die Futterquelle entfernt ist und wo sich die Futterquelle befindet. Es handelt sich hierbei um ein abstraktes Kommunikationssystem – womöglich nach der menschlichen Sprache das zweitkomplexeste Kommunikationssystem. Bis heute hat niemand eine schlüssige Erklärung, wie die Insekten mit ihrem Milligramm-Gehirn ihre erstaunlichen Leistungen zustande bringen.

Fest steht: Wer nicht lernfähig ist, stirbt aus. Ohne Lernen geht gar nichts. Vom ersten Atemzug bis zum Tode lernen wir. Ohne Lernen würden wir uns im Dickicht der Umwelt nicht zurechtfinden. Tausende von Reizen stürmen auf uns ein. Wir müssen unterscheiden, welche von ihnen für uns wichtig sind und welche nicht.

Neugeborene Menschenkinder lernen schon, die Brust zu finden und zu trinken, aber auch hinzuschauen, wenn sie etwas interessiert, und wegzuschauen, wenn das Erblickte sie langweilt. Schon nach wenigen Tagen erkennt der Säugling seine Mutter. Er erkennt ihre Stimme, unterscheidet ihren Milchgeruch von einer Fremden und schaut seine Mutter viel länger an als eine Fremde.

Für Tierkinder gilt Ähnliches. Neugeborene Zebras können schon nach Stunden aus einer riesigen Herde ihre Mutter an der Streifung erkennen. Auch Seelöwenbabys sind solche Erkennungskünstler. Gleich nach der Geburt erkennen sie ihre Mutter unter Tausenden von Artgenossen. Sie lernen, die Stimme und den Geruch ihrer Mutter von anderen zu unterscheiden. Ohne diese Fähigkeit würden sie verhungern und sterben.

Unsere Hunde

Lernen in der Kindheitsphase eines Organismus ist sehr wichtig für die gesunde Entwicklung eines Individuums. Wird das verhindert, führt dies zu Schäden des Lebewesens. Momo hat auch nicht viel gelernt in seiner Kindheit, aber ich glaube, er ist in der Lage, einige Defizite aufzuholen.

Weiß Momo, dass er ein Hund ist? Woran erkennt Momo einen Artgenossen? Wie werden die Sinneseindrücke verarbeitet, die ein Hund von einem anderen Hund hat? Was macht den Hund zum Hund? Wichtige, zum Teil unbeantwortete Fragen. Hunde machen es uns da besonders schwer, weil sich kaum eine Tierart in ihrem Äußeren so unterscheidet wie Hunde. Das Aussehen eines Rehpinschers und das eines Bernhardiners ist wirklich unterschiedlich. Würde man diese beiden Hunderassen Menschen zeigen, die nicht über unser spezielles biologisches Wissen verfügen, kämen die Menschen nicht auf die Idee, sie der gleichen Tierart zuzuordnen. Wie nehmen Hunde andere Hunde wahr? Wie nehmen wir Hunde wahr, und wie nehmen sie uns wahr? Wie Lebewesen die äußere Welt wahrnehmen und verarbeiten, ist ein wichtiger Forschungszweig der Kognitionsforschung.

Kaleidoskop der Fähigkeiten

Jede Tierart hat ihre besonderen Fähigkeiten. Kleinste Würmchen zum Beispiel können mit wenigen Nervenzellen orten, aus welcher Richtung der Schall kommt. Honigbienen sehen kein Rot, dafür aber Ultraviolett. Hunde und Katzen haben unterschiedliche Fähigkeiten, die Welt zu erfahren und zu interpretieren. Katzen beizubringen, mit der Pfote einen Gegenstand zu erhaschen, ist für sie ein Kinderspiel. Hunde tun sich damit schwer. Hunde lernen dagegen leicht, einen Gegenstand zu apportieren oder die Signale des Menschen zu verstehen.

Fazit dieser Ausführungen ist: Die Rahmenbedingungen des Lernvermögens und die spezifischen Lernbegabungen sind von Tierart zu Tierart verschieden. Das ist nicht verwunderlich, denn jede Tierart wurde im Laufe der Evolution an unterschiedliche Umwelten angepasst. Die Umwelt wirkte wie ein Schnitzmesser und schnitzte die passende Figur. Löwen sind sicherlich keine guten Fischfänger und wissen mit ihren

Tatzen nichts anzufangen, wenn sie einen Fisch im Fluss erspähen. Für den Braunbären aus Alaska wäre dies ein Leichtes und der Fisch ein Leckerbissen.

Lerndisposition

Wenn Organismen, Menschen eingeschlossen, mit regelmäßig wiederkehrenden Ereignissen oder auch mit loser Folge wiederholt auftretender Begebenheiten konfrontiert werden, baut die natürliche Selektion diese Information in ihre Gehirne ein und lässt sie zu einem integralen Bestandteil ihres Überlebenssystems werden. Angeboren ist in diesem Vorgang der Mechanismus des Lernens über einen bestimmten Wissensbereich, nicht das Wissen selbst. Der Lernmechanismus filtert demnach die Erfahrung und bringt den Organismus dahin, manchen Ereignissen in seiner Umwelt Aufmerksamkeit zu schenken und andere zu ignorieren. Die Biologen nennen diese Fähigkeit Lerndisposition.

In gewissem Sinn ähnelt also die Lerndisposition mehr einer Justierung als dem, was wir als flexibles oder plastisches Lernen bezeichnen. Das heißt aber nicht, dass Tiere innerhalb ihrer Lerndisposition die gleiche Begabung haben. Es gibt gute und schlechte Fischfänger unter den Bären. Und diese unterschiedlichen Fähigkeiten machen unsere oder die tierische Persönlichkeit aus. In dem Augenblick, in dem wir etwas gelernt haben, sind wir nicht mehr dieselben, denn in unserem Kopf wurden während des Lernens Hunderte oder gar Tausende von Nervenzellen neu verschaltet. Und das Erstaunlichste ist: Neurologen konnten mithilfe eines Spezialmikroskops live zusehen, wie sich die einzelnen Nervenzellen untereinander verschaltet haben. Ein Wunder der Technik, ein Wunder der Wissenschaft ...

Momo widmet sich sehr ausgiebig der Erkundung seiner Umwelt durch Schnüffeln und erfährt dabei vieles, was ihm bisher unbekannt war.

Aber was sahen die Wissenschaftler? Sie sahen, wie Neuronen – ähnlich Kletterpflanzen – ihre Fasern zu anderen Neuronen senden und neue Synapsen aufbauen. Sie konnten beobachten, wie sich die Mikroanatomie des Gehirns verändert. Und das ist der Grund, warum wir nach dem Lernen nicht mehr die Gleichen sind. Besonders gut hat man die Gehirne von Musikern erforscht und in den bildgebenden Verfahren festgestellt, dass sich ihr Gehirn nach langen Übungsphasen strukturell verändert hat. Es finden sich demnach mehr Verknüpfungen und eine Vergrößerung im Großhirn. (→ M. Spitzer, Literatur, Seite 237)

Warum lernen Momo und ich?

Die Antwort klingt einfach und verblüffend zugleich: um Freude oder Lust zu empfinden oder bessere Berufschancen zu haben. Wer ein guter Skifahrer oder Pianist werden möchte, muss anfangs viel üben, erst allmählich schleicht sich dann mit zunehmendem Fortschritt die Freude ein. Lernen kann also eine Investition in spätere Glücksgefühle sein oder eine Investition in ein gesichertes Berufsleben. Je besser die Ausbildung ist – je mehr man gelernt hat –, desto bessere Berufschancen hat man. Der Mensch ist sicherlich Meister in dem, was das Lernen betrifft. Momo ist bestimmt kein Meister, aber er lernt sehr schnell. Das hat er in zahlreichen Lernexperimenten gezeigt, wie zum Beispiel aus einer Kiste Futter zu bekommen, wenn man ein Brett herauszieht. Auch im Alltagsleben überrascht er mich, wie schnell er einen Sachverhalt begreift.

Und warum lernen die Tiere?

Sie lernen aus ähnlichen Gründen wie wir Menschen. Auch bei ihnen ist die Triebkraft die Befriedigung eines positiven oder die Vermeidung eines negativen Gefühls. Momo hat beispielsweise in den Monaten unseres Zusammenlebens gelernt, dass von Sylvia und mir keine Gefahr ausgeht, sondern dass wir ihm immer freundlich gesinnt sind. Er ist in der Lage, unser Verhalten zu interpretieren und unsere Gefühle aus unseren Gesichtern herauszulesen. Unsere Gesichtsausdrücke sind ein Lesebuch für ihn. Manchmal bin ich erstaunt, wie gut ihm das gelingt. Dem Berufsleben des Menschen entspricht der Überlebenskampf der Tiere in der Natur. Lernen erlaubt den Tieren, sich schneller an Umweltveränderungen anzupassen. So werden sie fit, um die täglichen Herausforderungen zu bestehen (Nahrungssuche, Revierverteidigung, Partnerwahl). Hinzu kommt, dass viele Lernvorgänge emotional begleitet werden.

Kein Mensch würde sich den Namen eines Flugkapitäns merken, der ihn von Frankfurt nach Madrid befördert. Doch würde dieser Pilot unterwegs eine dramatische Notlandung hinlegen müssen, würde das Passagiergehirn Tausende von

Nervenzellen aktivieren, Proteine produzieren, und jedes Mal, wenn man die Geschichte erzählt, würde der Name des Flugkapitäns aufgerufen. Viele Dinge und Geschehnisse sind nicht unter allen Umständen für alle Personen und Tiere gleichermaßen positiv oder negativ, sondern das müssen wir durch individuelle lust- oder leidvolle Erfahrung herausfinden. Nach Gerhard Roth (→ Literatur, Seite 237) ist dies die vernünftigste Art, Verhalten zu steuern, und es ist nach seiner Ansicht kein Wunder, dass alle Tiere, die in einer einigermaßen komplexen Umwelt leben, über ein limbisches System (→ Gut zu wissen, Seite 29) und über die Fähigkeit, Lernvorgänge emotional zu bewerten, verfügen.

Stress – ein ständiger Begleiter

»Stress macht krank.« Was ist dran an diesem populären Ausspruch? Ist Stress ein Luxusproblem der Satten? Vor 60 Jahren kannte kaum jemand das Wort. Allenfalls Physiker benutzten es und verbanden damit mechanische Spannung. Was also bedeutet Stress? Die Verwendung des Begriffs geht vor allem auf den Hormonforscher Hans Selye zurück (→ Literatur, Seite 237). Entscheidend in seinem Stresskonzept waren die Belastung des Organismus mit extremen Anforderungen, die Aktivierung des gesamten Bewältigungspotenzials sowie die gesundheitsschädigende Wirkung solcher Situationen. Er fasst unter dem Begriff »Stress« nicht die Belastungen zusammen, die auf den Organismus einwirken, sondern vielmehr die physiologischen Reaktionen des Organismus selbst. Alle Reize, die diese unspezifischen Stressrektionen auslösen, werden als Stressoren bezeichnet. Als solche kommen übermäßige Hitze oder Kälte, Sauerstoffmangel, giftige Chemikalien, Infektionen oder schwere körperliche Anstrengung ebenso in Betracht wie starke Aufregungen, Angst, Wut oder selbst große Freude.

Hans Selye erkannte aber auch, dass Stress ebenso Lebenselixier wie schleichendes Gift sein kann. Denn ohne Stress kann der Mensch nicht leben. So wie wir ohne körperliche Anstrengung weder Muskeln noch Ausdauer entwickeln, brauchen wir auch psychische Belastungen, um unser Verhalten einer sich ständig wandelnden Umwelt anzupassen und Neues zu erlernen. Man spricht daher von Eustress (guter Stress) und Distress (negativer Stress).

Stressforschung hat heute Hochkonjunktur. Stress ist also alles andere als ein Modewort, sondern ein wichtiges Glied in der Biologie der Organismen. Viele Jahre intensiver Stressforschung lassen uns die einzelnen biochemischen und zellulären Prozesse, die im Körper während einer Stressreaktion ablaufen, besser verstehen.

Stresshormone

Unter Stressreaktion versteht man heute die Gesamtreaktion des Organismus, an der die verschiedensten nervösen und hormonellen Vorgänge beteiligt sind. Diese Hormone sind an sich nichts Aufregendes, man kennt sie schon lange, Adrenalin oder Cortisol gehören dazu. Spannend jedoch ist, dass sie bei allen Säugetieren vorkommen und dass sie sogar bei allen dieselbe Rolle spielen. Es muss sich bei diesem Hormonsystem um eine uralte grundlegende Erfindung handeln, die seit mehreren Millionen Jahren tauglich ist. Jeder von uns ist tagtäglich davon betroffen, und wahrscheinlich haben sogar unsere Zivilisationskrankheiten mit diesen Hormonen zu tun. Genauer betrachtet handelt es sich um einen Cocktail von Hormonen, der – vom Gehirn gesteuert – über die Nebennieren ins Blut abgegeben wird, und zwar immer dann, wenn unerwartete Stresssituationen, also körperliche oder psychische Belastungen, eintreten. Die Folgen kennt jeder zur Genüge. Da nimmt uns einer die Vorfahrt, wir steigen voll auf die Bremse, um dem Crash zu entgehen – schon rast unser Puls in die Höhe, der Blutdruck steigt, die Hände werden feucht, wir atmen schneller. Gleichzeitig schießt das Blut in die Muskeln, und die Leber gibt energiespendenden Blutzucker frei. Unser ganzer Organismus wird energetisch aufgeladen, ist auf Aktivität eingestellt. Kurz Zeit später ist unsere Wut genauso verflogen wie der Ausstoß der Hormone.

Bei anhaltender Belastung jedoch wird die Geschichte komplizierter. Hier hat sich gezeigt, dass man mindestens zwischen zwei verschiedenen Arten von Stress unterscheiden muss, für die auch verschiedenen Stresshormone zuständig sind. Wenn die Anspannung nicht nachlässt, weil es ununterbrochen etwas zu tun, zu beachten oder zu erledigen gibt, werden Adrenalin und Noradrenalin ins Blut geschleust. Dieser Adrenalinmechanismus treibt in erster Linie das Herz-Kreislauf-System an – auf Dauer nicht ungestraft, wie die zahllosen Herz-Kreislauf-Erkrankungen zeigen.

Stress bei Tieren

Auch Tiere erleben Stress, und ein Großteil unseres Wissens über die Physiologie des Stresses verdanken wir ihnen. Ein wichtiges Ziel für mich ist es, Momo so wenig wie möglich negativen Stress (Distress) zu bereiten, denn der kann schädlich für sein Wohlbefinden sein. Stress ist verbunden mit physiologischen Veränderungen und bestimmten Verhaltensweisen wie Konfliktverhalten (Übersprungsverhalten), umorientiertes

Verhalten und/oder Stereotypien, wie zum Beispiel den eigenen Schwanz jagen. Physiologisch ist Stress mit einer erhöhten Nebennierenaktivität verbunden. Jeder hat es schon erfahren: Unter negativem Stress lernen wir schwerer. Die Konzentration auf einen Sachverhalt nimmt ab. So geht es auch Tieren. Ein guter Hundeausbilder weiß das und vermeidet Stress. Stress ist heute in aller Munde. Er ist aber alles andere als ein Modewort, sondern ein wichtiges Glied in der Biologie der Organismen. Viele Jahre intensiver Stressforschung lassen uns die einzelnen biochemischen und zellulären Prozesse, die im Körper während einer Stressreaktion ablaufen, besser verstehen.

Cortisol – ein wichtiges Hormon

Ein wichtiges Hormon bei Stress ist Cortisol. Eine hohe Menge Cortisol im Blut zeigt uns den Stress an. Druck, Zeitnot, Hormonkaskaden, körperlichen Daueralarm hält kein Mensch lange aus. Chronisch erhöhte Cortisol-Werte verhindern die Stressantwort, nach Gebrauch wieder ordnungsgemäß auf Normalbetrieb zu stellen. Auch ein chronischer Cortisolmangel – möglicherweise ein Selbstschutz gegen eine dauernde Überreaktion der Stressantwort – wirkt sich negativ aus. Er begünstigt das Gefühl von Angst und Depression und beeinträchtigt die Gedächtnisbildung. Sowohl Menschen als auch Tiere leiden unter zu hohem und andauerndem Stress. Von Wohlbefinden kann keine Rede sein.

Wir Menschen können über unser Wohlbefinden sprechen, aber Tiere? Seit einigen Jahren befassen sich Wissenschaftler mit diesem Problem. Sie messen nicht die Gefühle selbst – dies dürfte für immer ein Traum bleiben –, sondern die sie begleitenden Hormonausschüttungen und andere physiologische Körperreaktionen. Damit ist gewissermaßen eine zweite Beobachtungsebene eröffnet. Neben dem äußeren Verhalten der Tiere beobachtet man ihre innere Körperchemie und kann beides miteinander vergleichen. Mit der Möglichkeit, den Cortisol-Wert eines Tieres zu bestimmen, haben wir ein Werkzeug in die Hand bekommen, mit dem wir Aussagen über das Wohlbefinden der Tiere machen können. Das ist ein enormer Fortschritt und befreit uns vor den allzu menschlichen, oft falschen Interpretationen. Sie sind zwar oft gut gemeint, aber leider auch oft falsch.

Wer Aussagen über das Wohlbefinden eines Tieres machen will, muss das Tier lange beobachten, das Verhalten protokollieren und ein Ethogramm, einen Aktionskatalog, erstellen, um festzustellen, ob Verhaltensstörungen vorliegen. Das war lange Zeit die einzige Möglichkeit, etwas über das Wohlbefinden auszusagen. Heute haben wir die Möglichkeit, dank der Cortisol-Messungen in das Innere des Tieres zu schauen. Ein bestimmter Wert sagt etwas über den Zustand des Tieres aus. Ist der Cortisol-Wert stark erhöht, leidet das Tier unter Stress.

Je mehr die Wissenschaft sich den Stresshormonen widmet und so Einblick in die emotionale Belastung der Tiere gewinnt, desto verblüffender sind die Parallelen zu uns Menschen. Es ist bekannt, dass wir beunruhigende Situationen in Anwesenheit eines geliebten Partners wesentlich besser überstehen. Entsprechendes hat Dr. Norbert Sachser von der Uni Münster bei seinen Meerschweinchen beobachtet. Sie erleben ein fremdes Gehege stets als akute Belastung, die sich sofort in ihrem Hormonhaushalt niederschlägt. Auch wenn ein weiteres bekanntes Tier dabei ist, bleibt die Belastung erhalten. Sobald aber der vertraute Bindungspartner anwesend ist, gehen die Stresshormone zurück. Geteiltes Leid ist halbes Leid!

15

Denken: Wie löse ich das Problem?

Momo steht vor der angelehnten Gartentür und möchte ins Haus. Man sieht nahezu, wie es in seinem Kopf arbeitet. Spielt er in seinem Kopf verschiedene Lösungen durch? Stößt er mit dem Kopf und der Schnauze gegen die angelehnte Tür, schließt sie sich. Das ist keine Lösung des Problems. Er muss verstehen, dass er die Tür nur durch Heranziehen öffnen kann. Aber wie soll er das anstellen? Nach einigen Minuten hat er eine Idee: Mit der Schnauze schiebt er die Tür zu sich heran, drängt seinen Kopf und Körper zwischen Tür und Rahmen und geht ins Haus. Hat Momo nachgedacht? Zweifellos bedeutet Denken etwas anderes, als einem angeborenen oder eingeübten Programm zu folgen. Es ist eine grundsätzlich neue Dimension bei der Problemlösung. Worin liegt das Besondere? Mit Denken meine ich das Durchspielen einer Situation im Kopf. Es werden dabei Lösungsmöglichkeiten durchprobiert – unter Ausschluss realer Folgen. Hat sich Momo womöglich überlegt: Wenn ich mit der Schnauze gegen die Tür drücke, geht sie zu. Aber wenn ich meine Schnauze hinter die Tür klemme, kann ich diese öffnen.

Etwas zu durchdenken, ist offensichtlich ein grundsätzlich neues Verfahren zur Bewältigung von Problemen. Es findet nicht in der realen Außenwelt statt, sondern wird in die innere Welt unserer Vorstellungen und Empfindungen verlagert. Dort führen wir hypothetische Aktionen durch, um deren Ausgang zu beurteilen.

Was Denken bedeutet

Der Begriff »Denken« umfasst so gut wie alle bewussten geistigen Fähigkeiten des Menschen, wie beispielsweise die mentale Entwicklung einer Idee, Einsicht oder Absicht, wie Planen, Folgern und Vorausahnen, um nur einige zu nennen. Wie kann nun bei einem Tier realistisch auf das Vorhandensein irgendeines dieser geistigen Prozesse, die auf Denken hinweisen, geschlossen werden? Einleuchtend ist, dass die Attribute des Denkens ein hohes Maß an Flexibilität erfordern.

Wer denkt, verfügt über die Fähigkeit, sich vom instinktiven Verhalten unabhängig zu machen und stattdessen neuartige Lösungen zu finden. Vor unserem inneren Auge führen wir verschiedene Handlungen durch, um deren Ausgang zu beurteilen. Ein Schachspieler verdeutlicht das: Er plant im Kopf seinen und den Zug des Gegners. Je weiter er vorausdenkt, desto besser spielt er.

Was ist Lernen, was ist Denken?

In der Praxis ist Lernen und Denken oft schwer zu unterscheiden. Stehen Mensch und Tier vor einem neuen Problem, probieren sie erst herum. Wenn ich beispielsweise meinen Schlüssel verlegt habe, suche ich überall, ohne nachzudenken. Erst wenn die Suche erfolglos ist, bin ich gezwungen, darüber nachzudenken, wo es sich lohnt, den Schlüssel zu suchen. Vor meinem geistigen Auge spiele ich die Orte durch, an denen ich mich in den letzten Stunden aufgehalten habe.

Erschwerend kommt hinzu, dass uns im Alltag der Zusammenhang zwischen Vorwissen und Denken selten klar wird. Was wir als große Denkleistung ansehen, haben wir oft auf die eine oder andere Weise schon mal erfahren. Darauf können wir gedanklich zurückgreifen.

In unserem Kulturkreis sind wir daran gewöhnt, einen Türgriff nach unten zu drücken, um die Tür zu öffnen. Bei einer Ausstellung in San Francisco haben sich die Veranstalter einen Scherz daraus gemacht, die Besucher zu testen: Wie lange würden sie wohl brauchen, um eine Tür zu öffnen, deren Griff nach oben gezogen werden muss? Dieser Türgriff war von einem üblichen nicht zu unterscheiden. Die Reaktionen waren köstlich, und ich kann mich noch mit Schrecken daran erinnern, wie lange ich gebraucht habe ...

Hunde können denken

Menschen, aber auch Tiere neigen dazu, bekannte Wege einzuschlagen. Erst wenn diese gar nicht zum Ziel führen, wird nachgedacht. So wie es meine langhaarige Schäferhündin Arno machte. Sie war ganz versessen auf ihr Tennisspiel. Jeder Besucher musste einen alten, abgewetzten Tennisball in die Höhe werfen, damit sie ihn in der Luft schnappen konnte. Selbst Franziska, die 18 Monate alte Tochter meiner Freundin, wurde aufgefordert. Natürlich war Franziska, die mit Mühe

Mit den Enkelkindern geht Momo sehr behutsam um. Selbst im Spiel mit ihnen verhält er sich vorsichtig.

ihre ersten Gehversuche unternahm, kein echter Partner. Sie konnte den Ball nicht einmal in die Höhe werfen, und er kullerte träge vor Arnos Schnauze. Aber gerade so, als würde sie die Situation durchschauen, schubste die Schäferhündin den Ball zurück. Franziska reagierte entsprechend, und so ging es kindgerecht und sanft hin und her. Ich war fasziniert und erstaunt. Doch: Hat Arno die Situation wirklich erfasst? Hat sie im Voraus die anderen Spielbedingungen durchschaut und abgeschätzt, bevor sie die Franziska-Variante spielte? Zu Arnos Zeiten war ich unsicher. Aber spätestens Momo hat meine Zweifel entkräftet.

Der Riese Momo geht mit den Enkelkindern vorsichtig um. Wenn sie ihm etwas zu fressen geben, nimmt er es vorsichtig an. Auch Momo spielt gern Ball, so wie Arno. Enkelkinder und Momo schubsen sich den Ball vorsichtig zu. Er weiß um ihre Größe und Kraft und richtet sein Verhalten danach aus. Er spielt vorsichtig mit ihnen. Wenn ich mit ihm spiele, gelten härtere Regeln, da wird gerissen und gezerrt. Es ist verwunderlich, wie lange es gedauert hat, bis Forscher überhaupt damit begonnen haben, die geistigen Fähigkeiten von Hunden zu untersuchen. Juliane Kaminski war vor vielen Jahren im Max-Planck-Institut von Leipzig eine der Ersten, die nachgewiesen hat, dass Hunde denken können (→ J. Kaminski, Literatur, Seite 236).

Ich war zu Gast bei ihr und konnte ihr bei den Experimenten mit ihrem Hund Rico über die Schulter schauen. Es war beeindruckend, wie ihre Experimente eine große Tür zum Verständnis der Denkfähigkeit von Hunden geöffnet haben.

Rico – ein ganz besonderer Hund

Aber erzählen wir die Geschichte vom Anfang an. Rico war ein Border Collie und der Hund von Susanne Baus, die ihren Rico liebte. Wir lernten uns bei Dreharbeiten kennen. Die Begegnung mit Rico war für mich als Biologe ein Erlebnis. Juliane Kaminski wählte aus einem großen Fundus 15 beliebige Plüschtiere aus und verteilte sie im Raum. Frau Baus befand sich währenddessen in einem anderen Raum. Sie wusste also nicht, welche Plüschtiere ausgewählt noch wie sie im Raum verteilt wurden. Susanne Baus rief Rico zu sich und gab ihm das Kommando: »Rico, hol den Schmetterling!« Was jetzt geschah, überraschte mich. Rico rannte in den anderen Raum. Dann ging er bedächtig von einem Plüschtier zum anderen und schnüffelte an ihnen, bis er den Schmetterling fand und apportierte. Das sah nicht nach blindem Auswendiglernen aus, sondern eher nach Überlegung.

Zwei Jahre später konnte Juliane Kaminski dies durch ein elegantes Experiment bestätigen. Sie legte unter die vertrauten Spielzeuge ein unbekanntes und gab diesem zum Beispiel den Namen »Hahn«. Weder Spielzeug noch Wort kannte Rico zuvor, und dennoch entschied er sich richtig und nahm den Hahn ins Maul. Rico ging nach dem Ausschlussverfahren vor:

Das neue Wort musste den Gegenstand bezeichnen, den er noch nicht kannte. Kleinkinder erfassen neue Wörter nach demselben Prinzip.

Rico hat uns herausgefordert. Im Seminar für Verhaltensforschung in Freiburg haben wir die Versuche von Juliane Kaminski mit unseren Hunden nachgespielt. Für die jungen Studenten und Studentinnen war es äußerst spannend zu beobachten, wie unterschiedlich die einzelnen Hundepersönlichkeiten auf die gestellte Aufgabe reagierten. Samson, unser Champion, konnte sich zum Beispiel mit Rico messen. Moritz, ein kleiner Foxterrier, verweigerte die Mitarbeit. Schade, aber das muss man akzeptieren.

Die alte Streitfrage, ob Hunde oder Tiere denken können, ist mittlerweile durch viele Experimente positiv beantwortet. Selbst bei Bienen hat man gezeigt, dass sie komplizierte Probleme lösen können. Was sie aber im Einzelnen wahrnehmen, weiß man häufig nicht.

Meine Welt, deine Welt: Wahrnehmung

Jeden Morgen beim Spaziergang frage ich mich, wie Momo die Welt wahrnimmt. Hat er Freude am Wetter? Ist er traurig, wenn es regnet oder bewölkt ist? Oder denkt er: »Ach, schon wieder der gleiche Spaziergang.« Ich habe keine Ahnung, was in seinem Kopf vor sich geht. Ich weiß aber genau, dass er sich auf den Spaziergang freut. Das zeigt mir sein Verhalten deutlich. Jedes Tier lebt in seiner eigenen Welt, so wie wir Menschen auch. Unsere Wahrnehmung – ob Sehen, Hören, Riechen oder Tasten – ist weit persönlicher, als uns im Allgemeinen bewusst wird. Wie wir die Informationen aus unserer Umwelt verarbeiten, hängt beispielsweise von unseren Erfahrungen, von der

Leistungsfähigkeit unserer Sinnesorgane und nicht zuletzt von kleinen Abweichungen im Gehirn ab. Wie oft habe ich mir gewünscht, die Gespräche der Elefanten zu verstehen, die wir in der Serengeti beobachtet haben.

Elefanten kommunizieren im Infraschallbereich, mit Frequenzen unterhalb von 15 Hertz. Die Laute sind für das menschliche Gehör zu tief. Wenn sich Elefanten verständigen, hört der Mensch entweder gar nichts, oder er spürt ein Pochen und Vibrieren in der Luft. Haben Elefanten Angst oder regen sie sich auf, trompeten sie. Deshalb dachte man lange Zeit, das wäre ihre einzige Form der Kommunikation.

Die Infraschallwellen blieben den Wissenschaftlern so lange verborgen, bis sie spezielle Messgeräte einsetzen konnten. Fest steht, dass ein Lebewesen von den vielfältigen Ereignissen in seiner Umgebung nur die registriert, für die es entsprechende Antennen besitzt – Sinneszellen, die bestimmte Reize aufnehmen und sie dann als Information ans Nervensystem weiterleiten.

Kategorisieren

Es gibt noch viele Geheimnisse zu lüften, und der Weg für ein besseres Verständnis unseres guten Freundes Hund oder anderer Tiere ist steinig. Starten wir. Stellen wir uns die Frage, wie sie die Welt wahrnehmen.

Wahrnehmungen bilden die Grundausstattungen unserer inneren Welt. Sie sorgen – unter Einsatz verschiedener Programme – dafür, dass die Objekte der äußeren Welt mit unseren inneren Vorstellungen im Einklang sind. Gleichzeitig sortieren wir unsere Wahrnehmungen und bündeln sie nach übergeordneten Gesichtspunkten. Da gibt es etwa Buchen, Fichten oder Birken. Alle unterscheiden sich voneinander, aber trotzdem passen sie in die Kategorie Bäume. Die Wahrnehmungen in unserer inneren Welt werden nicht wahllos wie Einzelstücke in einer Rumpelkammer abgelegt; sie sind wohlgeordnet in Abteilungen und Unterabteilungen untergebracht. Unsere Sprache spiegelt das korrekt wider, indem sie Oberbegriffe wie »Baum« bereitstellt, um die Einzelgegenstände in Kategorien zusammenzufassen. Wer allerdings glaubt, nur Menschen seien in der Lage zu kategorisieren, irrt.

Als Tauben zum Beispiel begriffen hatten – weil es dafür ein Körnchen Belohnung gab –, dass sie die Abbildungen mit Bäumen heraussuchen sollten, konnte man ihnen Fotos, Bilder oder Dias vorlegen, und jedes Mal pickten sie zielsicher mit dem Schnabel das Gesuchte heraus. Selbst den Waldrand am Horizont erkannten sie oder den Ast, der im Vordergrund ins Bild ragte, oder den Kirschbaum, der gerade noch hinter dem Hausdach hervorschaute.

Tauben erstaunen die Forscher immer wieder, wie folgender Versuch zeigt: Ihnen wurden Bilder verschiedener Maler gezeigt, zum Beispiel von Picasso, van Gogh, Rembrandt und Matisse. Zielsicher erkennen Tauben unter verschiedenen Gemälden die typische Handschrift des Malers wieder, wenn ihnen ein anderes Bild des Malers gezeigt wird.

Optische Wahrnehmungen

Wie Momo die Welt wahrnimmt, ist mir heute noch ein großes Rätsel. Durchschaut er optische Täuschungen? Ich selbst falle meistens darauf herein, und ihm wird es wahrscheinlich kaum besser gehen. Ein Beispiel für eine optische Täuschung: Zwei Holzbalken liegen nebeneinander. Eindeutig sieht man ihre Stirnflächen. Am Ende ist es aber nur noch ein Balken mit Schatten. Man kann sich nicht erklären, wo der zweite Balken geblieben sein soll. Das Dilemma, in das uns solche Bilder stürzen, wäre sofort behoben, wenn wir sie als das wahrnehmen könnten, was sie tatsächlich sind: ein Muster aus Linien und Flächen. Aber unser visuelles Objektprogramm beharrt auf räumlichen Gegenständen, und zwar derart streng, dass es uns sogar wider besseres Wissen zu dieser Deutung nötigt.

Es gibt zahllose Beispiele dafür, dass Tiere ihre Wahrnehmungen nach übergeordneten abstrakten Gesichtspunkten gliedern können. Robert H. Wurtz bringt es in einem Artikel in der Zeitschrift »Spektrum« auf den Punkt: »Das Gehirn und nicht das Auge entscheidet, welche Objekte in unserem Blickfeld sehenswert sind und welche nicht. Die Prozesse, die diesem Auswählen zu Grunde liegen, lassen sich untersuchen, indem man die elektrische Aktivität von Nervenzellen im Gehirn von Affen analysiert, während sie sich visuellen Reizen zuwenden.« (→ R. H. Wurtz, Literatur, Seite 237) Affen ordnen das Geschaute nicht nur nach Eigenschaften wie Symmetrie oder Menge, sondern auch, ob ein Objekt spitz oder rund ist oder keines von beiden.

Wahrnehmungen anderer Art

Das gilt auch für andere als optische Wahrnehmungen. Dohlen besitzen zum Beispiel einen musikalischen Taktsinn, um den sie mancher Tänzer beneiden würde. Man kann ihnen den Unterschied zwischen dem Dreivierteltakt eines Walzers und dem Viervierteltakt eines Foxtrotts beibringen. Das ist zunächst nicht sonderlich beeindruckend; ihre Fähigkeit könnte auf einem Dressureffekt beruhen. Aber auch bei unbekannten Musikstücken – mit noch nie gehörten Instrumenten, unabhängig von Tempo und Lautstärke – unterscheiden Dohlen Dreiviertel- und Viervierteltakt. Sie haben offenbar ein abstraktes

Rhythmuskonzept entwickelt. Dieses Beispiel soll weder etwas beweisen noch widerlegen, es soll lediglich zeigen, wie schwierig es ist, Verbindliches über die Vorstellung von jemandem zu erfahren, der sie selbst nicht beschreiben, zeichnen oder auf andere Weise mitteilen kann. Was Momo und seine Artgenossen wahrnehmen, bleibt für uns noch weitgehend rätselhaft.

Was sieht Dackel Fridolin, was sieht Momo?

Das Licht durchdringt das Hundeauge und wird von den Sinneszellen, den Stäbchen und Zapfen, die sich in der Netzhaut befinden, absorbiert. Diese Sinneszellen senden elektrische Signale ins Gehirn, wo ein Bild entsteht. Aber nun wird es spannend, denn die Verteilung der Sinneszellen auf der Netzhaut ist unterschiedlich. Das heißt, man sieht nicht an allen Stellen gleich gut. Wo die Sinneszellen am dichtesten angeordnet sind, sehen die Lebewesen am schärfsten. Ähnlich den Digitalkameras: Je mehr Pixel, desto schärfer das Bild.

Die Netzhaut der Hunde hat im Gegensatz zu der des Menschen zwei Zäpfchen mit dicht gepackten Sinneszellen. Sie heißen Area centralis, mit kreisförmig angeordneten Stäbchen und Zapfen und Horizontalstreifen. Wo sie – wie Pflastersteine einer Straße – dicht beieinanderliegen. Das war der Wissensstand bis vor Kurzem. Aber in den letzten Jahren sind australische Forscher dem Geheimnis des Sehens der Hunde noch genauer auf die Spur gekommen. Die Neurologin Alison Harman untersuchte die Netzhaut verschiedener Hunderassen und stellte dabei fest, dass diejenigen mit kurzer Schnauze gar keine horizontalen Streifen mit Stäbchen besitzen. Hunde mit langer Schnauze dagegen besaßen sie. Das war eine riesige

Überraschung und erklärt, warum manche Hunde ein größeres Blickfeld haben als andere.

Was bedeutet das in der Praxis? Hunde mit diesen horizontalen Streifen sehen Lebewesen in der Peripherie viel genauer, und sie sind die besseren Jäger, weil sie ihre Beute am Horizont erkennen. Es macht also Sinn, dass Jagdhunde eine lange Schnauze besitzen. Aber Hunde ohne diese Streifen, also mit nur einer Area centralis, erkennen dafür im Gesicht ihres Besitzers die Nuancen seines Ausdrucks besser. Denn ihre Area centralis ist mit viel mehr Sinneszellen ausgestattet als die bei Hunden mit langer Schnauze. Vielleicht ist dies der Grund, warum wir Bulldoggen, Boxer und andere Hunde mit kurzer Schnauze so attraktiv finden. Sie schauen uns in die Augen, und wir schmelzen dahin. Ganz nebenbei wurde eine alte Streitfrage gelöst, warum manche Hunde gern fernsehen und andere nicht. Unsere gemütlichen Bulldoggen haben dabei viel mehr Genuss, weil sie das Fernsehbild besser sehen.

Unterschiede Mensch – Hund

Beim Menschen ist die Dichte der Sehzellen viel größer als bei Hunden. Also nehmen wir Gegenstände schärfer wahr. Was heißt das in der Praxis? Menschen können zwei Kieselsteine gleicher Größe, die in einem Abstand von einem halben Zentimeter liegen, noch in einer Entfernung von vier Metern als zwei Kieselsteine erkennen – Hunde nicht. Für sie ist es ein Kieselstein. Erst wenn sie sich bis auf zwei Meter nähern, sehen sie auch zwei Kieselsteine. Die Sehschärfe des Hundes beträgt ungefähr die Hälfte von der des Menschen. Hundebesitzer sollten nicht erwarten, dass ihr Hund sie identifiziert, wenn sie in großer Entfernung ruhig am Rande eines Feldes stehen. Er erkennt sie erst, wenn sie mit den Händen winken.

Denn Hunde machen bewegte Objekte viel leichter aus. Besitzer, die das beachten, ersparen sich Enttäuschungen, wenn sie ihren Hund aus großer Entfernung heranholen wollen.

Das Blickfeld (Gesichtsfeld) des Hundes beträgt 150 Grad und ist deutlich größer als das des Menschen. Er sieht also Gegenstände, die sich seitlich nähern, früher als wir. Das hat seinen Preis, denn im stereoskopischen Sehen ist der Hund dafür schlechter. Sein räumliches Gesichtsfeld beträgt 85 Grad, das des Menschen 120 Grad. Räumliches Sehen hat sich für den Menschen als besonders wichtig erwiesen. Diese Fähigkeit machte ihn zum Werkzeugmacher unter den Tieren.

Aber in einem anderen Punkt sind die Hunde uns überlegen. Sie sehen besser im Dämmerlicht. Ihre Hornhaut und ihre Linse nehmen bei Schwachlicht mehr Licht auf, weil es im Augenhintergrund eine Zellschicht (Tapetum) gibt, die das Restlicht wie ein Spiegel reflektiert. Ihre Vorfahren konnten dadurch in der Dämmerung gut jagen. Darum Vorsicht: Hunde wildern besonders gern in der Dämmerung! Sie sehen Wild, das wir Menschen nicht sehen können.

In der Welt der Hunde spielen Farben sicherlich keine bedeutende Rolle, und dennoch ist es nicht so, dass sie keine Farben sehen, wie man lange glaubte. Hunden fehlen lediglich Sinneszellen, die Rot absorbieren.

»Sehen« mit der Nase

Dieser Kurztrip in die Sehwelt des Hundes zeigt, wie unterschiedlich er im Vergleich zu uns seine Umgebung wahrnimmt. Aber es existieren zwischen uns so viele Ähnlichkeiten, dass wir einigermaßen verstehen, was das Hundeauge wahrnimmt. Anders unsere Nasen. Wie gut Hunde riechen können, habe ich schon auf Seite 131 beschrieben. Hier nur noch einige Anmerkungen. Das Riechvermögen der einzelnen Hunderassen ist verschieden. Zu den Champions gehören die Schäferhunde. Die Spezialisten unter ihnen können sogar Moleküle (Substanzen) riechen, die durch die Schuhsohle dringen. Der Hundenase bleibt fast nichts verborgen.

Sicher ist: Der Geruchssinn dient dem Hund zur Kommunikation. Was er im Einzelnen damit mitteilen kann, bleibt uns weitgehend verborgen. Vielleicht ist es eine verschlüsselte Sprache. Für Sexuallockstoffe haben Hunde ein besonderes Organ – das Jacobson'sche Organ – entwickelt (→ Gut zu wissen, unten). Die Information, wie gut etwa ein Weibchen riecht, wird von dort ohne Umwege ins Gehirn ins limbische System (→ Gut zu wissen, Seite 29) geleitet, wo Gefühle entstehen.

GUT ZU WISSEN

Das Jacobson'sche Organ

Es befindet sich hinter den Schneidezähnen des Hundes im Gaumen. Nase und Gaumen sind über eine kleine Öffnung miteinander verbunden. So kann der Hund mit der Zunge Substanzen aufnehmen und sie zu den Riechzellen transportieren. Dadurch erhält der Vierbeiner unzählige Informationen. Er schleckt zum Beispiel Urin eines Artgenossen auf und kann daran neben dem Geschlecht auch das Alter des anderen Hundes erkennen oder ob dieser an Krankheiten leidet. Das Jacobson'sche Organ verstärkt jedoch nicht den Geruchssinn, sondern ergänzt diesen um weitere Informationen.

Vergessen ist wichtig!

Jeden Abend während unseres Spaziergangs staune ich, wie heftig und intensiv Momo herumschnüffelt. Er nimmt Geruchsbilder wahr, die uns Menschen mit vergleichsweise schwach ausgebildeter Riechfähigkeit verborgen bleiben. Wir können Vermutungen anstellen, mehr aber nicht. Ich habe den Eindruck, dass Momo in eine andere Realität eintaucht und in seinem Kopf Bilder einer uns verschlossenen Welt entstehen.

Während wir durch die Landschaft schlendern, stelle ich mir vor, wie schön wäre es, wenn Momo seine schlechten Erfahrungen vergessen könnte. Mir fällt dazu ein Artikel von Martin Korte in der Zeitschrift »Spektrum der Wissenschaft« ein. Er erforscht das Vergessen. »Da unser Leben aus fortlaufenden Veränderungen besteht, ist es ganz entscheidend für unser Gehirn zu vergessen. Um uns an wandelnde Umweltbedingungen anzupassen, müssen wir sowohl Neues lernen als auch bereits Gelerntes wieder verlernen, also vergessen sowie umlernen. Das lässt sich gut anhand der Wahrnehmung verdeutlichen. Wir müssen das, was wir sehen, fühlen, hören, schmecken oder riechen, zwar kurz im Gedächtnis behalten, allerdings nur so lange, bis der nächste Sinneseindruck ankommt.« (→ M. Korte, Literatur, Seite 236)

Vergessen ist also alles andere als ein Versagen des Erinnerungsvermögens, sondern ein wichtiger, aktiver Prozess. Nur wer vergisst, kann Unwichtiges von Wichtigem trennen, abstrakt denken und Probleme lösen. Die Anzahl von Informationen, die jede Sekunde auf uns einströmen, ist jenseits von allem, was unser Gehirn verarbeiten kann. Das meiste von dem, was wir hören und fühlen, rauscht durch unser Gehirn, ohne eine Spur zu hinterlassen. Es wird sofort weggefiltert. Arbeitet

Momo ist angekommen. Unser Zuhause ist jetzt auch seines. Entspannt liegt er im Wohnzimmer auf dem Teppich und verfolgt unser Tun.

der Filter nicht, ist die Fülle irrelevanter Informationen erdrückend. Auch abstraktes Denken funktioniert nur, wenn wir ein Zuviel an Informationen ignorieren und vergessen.

Momos Phase des Vergessens

Momo, glaube ich, ist zurzeit in einer Phase des Vergessens. Vor Menschen hat er keine Angst mehr. Er wendet seinen Kopf nicht mehr seitlich und weicht aus, sondern schaut sie direkt an. Er hat die Angst gegenüber Menschen verloren. Kommen aufdringliche Fremde zu nahe, dann knurrt er und bellt sie an. Ich bin sicher, er würde sie angreifen, wenn sie ihn und mich bedrohen. So wie meine anderen Bernhardiner.

Es dauerte ein halbes Jahr, bis Momo Garten und Haus verteidigte. Als eine Bekannte meiner Frau über den Zaun kletterte, um Kastanien zu sammeln, stellte er sie. Er bellte sie an und knurrte. Ich war über seine Reaktion sehr erfreut. Wochen vorher konnte jeder den Garten betreten, ohne dass Momo sich rührte. Unser Zuhause war nun auch seines geworden.

Momo zeigt Gefühl

Momo macht auf vielen Verhaltensfeldern Fortschritte. Am meisten freue ich mich darüber, dass er Gefühle zeigt. Wenn wir abends vor dem Fernseher sitzen, kommt er fast immer zur gleichen Zeit zu mir, drückt sich an mich und will gestreichelt werden. Mit Freude schmusen wir miteinander. Ich fühle nahezu täglich, wie er freier und mutiger wird. Begleitet wird dieser Prozess durch Lautäußerungen, wie ich sie bei meinen anderen Hunden noch nie gehört habe. Man hat das Gefühl, er spricht mit uns. Die Laute erklingen in hoher Tonlage, und er äußert sie, wenn er etwas will; zum Beispiel, wenn ich mich beeilen soll, weil wir einen Spaziergang vorhaben. Auch seine Freude drückt er akustisch aus. Nicht durch Bellen, sondern durch hohes, lautes Jaulen.

Es dauerte drei bis vier Monate, bis Momo so frei war, seine Freude lautlich zu äußern. Wir beide sparen nicht damit, unsere positiven Gefühle zueinander zu zeigen. Momo hat gelernt, dass Sylvia und ich seine Freunde sind und wir in sein Leben gehören. Er hat eine Bindung zu uns aufgebaut.

Im Reich der Träume

Wir sitzen mit Freunden im Wohnzimmer und unterhalten uns. Momo liegt dabei und schläft. Immer wieder richte ich einen Blick auf ihn und frage mich, ob er wohl träumt und von was er träumt. Wer Bilder im Kopf erschaffen kann, macht dies womöglich auch im Schlaf als Traumbilder. Haben Tiere Träume? Momos Augen zucken unter den Lidern, zeigen die typischen »rapid eye movements«, mit denen er seine Traumbilder verfolgt. Aber was für Bilder sind dies, wovon träumen Hunde? Manchmal zeigen sie es uns.

Wir sind Gast bei dem renommierten Schlafforscher für Tiere, Professor Adrian Morrison, in Philadelphia, USA. Normalerweise, erklärt er, sind im Schlaf auch bei Tieren die Muskeln blockiert, aber es gibt Erkrankungen, bei denen sind die Blockaden unvollständig. So wie bei dem Hund, den wir im Labor des Forschers beobachten. Der Vierbeiner schläft, bewegt aber seine Beine so stark, als würde er einem Hasen hinterherrennen. Der Hund zeigt uns, wovon er träumt. Er läuft und jagt, und er führt vor: Träumen ist eine Eigenschaft des Gehirns und geht vom Gehirn aus.

Rapid eye movement

Während des Träumens beginnen Nervenzellen in der Großhirnrinde zu feuern, ähnlich schnell oder sogar schneller als im Wachzustand. Dieses Feuerwerk der elektrischen Impulse sind Hirnströme, die über das Großhirn fließen und messbar sind. Ihr Kurvenverlauf ist charakteristisch und verrät dem Experten etwas über die Träume und den Schlaf. Begleitet werden die Hirnströme von rollenden Bewegungen der Augäpfel. Man nennt diese Schlafphase REM-Phase (engl. rapid eye movement). In dieser Zeit toben die wildesten Bilder über die mentale Bühne. Viele Belege sprechen dafür, dass in dieser Phase Erinnerungen verstärkt werden.

Auch Momo verrät etwas über seine Träume. Etwa wenn er abends bei uns im Wohnzimmer liegt und schläft. Alles ist friedlich. Doch plötzlich, wie von der Tarantel gestochen, springt er auf. Dann rennt er blindlings zu mir. Ich erschrecke, streichle ihn aber sofort. Dies geschieht nun schon zum dritten Mal, und wieder ahne ich allenfalls, was in ihm vorgeht. Die einzige Erklärung: Momo hatte einen schrecklichen Traum. Erfreulich war, dass er sofort Schutz bei mir suchte.

16

Eine Eintrittskarte ins Gehirn – Versuche

Um Momo besser zu verstehen, führe ich mit ihm Versuche durch. Machen Sie mit Ihrem vierbeinigen Freund mit. Sie werden es nicht bereuen. Ziel dieser einfachen Versuche ist es, die Wirklichkeit der Mitgeschöpfe besser zu erfassen. Die Experimente öffnen einen Türspalt breit das Gebäude der inneren Welt Ihres Tieres. Sie verstehen so leichter, was in dem Kopf Ihres Weggefährten vor sich geht. Natürlich kann man auch durch gute Beobachtungsgabe und Einfühlungsvermögen ein Stück weit in die innere Welt der Tiere eintauchen. Und viele Tierhalter, die mit ihrem Tier zusammenleben, vertreten diese Meinung. Sie vergessen aber, wie leicht man sich bei der Interpretation von Verhaltensweisen täuschen kann. Zumal wenn man versucht, sich in das Tier hineinzuversetzen und dessen Welt mit ihren eigenen Augen zu betrachten.

Andere Lebewesen sehen Farben, die wir mit unseren Augen nicht erkennen können. Bienen und Tauben sehen ultraviolettes Licht, für Hunde ist die Welt nicht so bunt wie für uns. Ein glühender Sonnenuntergang – ein Sinnbild für Romantik – lässt Hunde kalt, weil sie das Rot nicht sehen. Dafür nehmen Tiere Kräfte wahr, die an uns spurlos vorübergehen, hören Laute, die viel zu hoch oder zu tief für uns sind, und riechen chemische Stoffe, für die uns die Sinneszellen fehlen. Bienen beispielsweise riechen auf ein Kohlenstoffatom genau. Sie leben in einer Duftwelt, die wir nicht einmal im Ansatz nachvollziehen können.

Wie wir unsere Sinneseindrücke bewerten und deuten und welche Gefühle dabei entstehen, ist bei uns Menschen sehr unterschiedlich. Das trifft auch für Tiere zu. Bei jeder Tierart haben sich im Laufe von Jahrmillionen spezielle Sinnesorgane herausgebildet, die ihnen eine optimale Wahrnehmung gestatten. Bestes Beispiel dafür ist die Flutkatastrophe in Ostasien am 26. Dezember 2004. Bei diesem Tsunami sind wesentlich weniger Tiere umgekommen als Menschen. Elefanten zum Beispiel nahmen mit ihren Sinnesorganen frühzeitig die Druckwellen wahr und flüchteten auf Hügel.

Momo beobachtet uns – der Start in Experimente

Momo entgeht nichts, so unser Eindruck. Wenn er nicht gerade schläft, beobachtet er, was wir tun. Heute, habe ich das Gefühl, ist ein guter Tag, mit ihm einen Versuch durchzuführen. Wie wird er reagieren?

Momo sitzt mir etwa einen Meter entfernt von Angesicht zu Angesicht gegenüber. In einer Hand halte ich, für ihn sichtbar, ein Leckerli und schaue ihn dabei an. Nun beginnt der eigentliche Test. Hinter meinem Rücken verstecke ich nun das

Leckerli in eine Hand. Er kann nicht sehen, in welcher Hand es sich befindet. Dann strecke ich beide Arme seitlich aus, drehe den Kopf Richtung Leckerli und gebe das Kommando: »Momo, such.« Versteht Momo den Wink mit der Kopfdrehung? Zielgerichtet bewegt er sich zu einem ausgestreckten Arm. Leider war es der falsche. Beim nächsten Mal wählt er richtig und genießt sein Leckerli. Wir waren erstaunt: Schon nach dem ersten Fehlversuch hat er begriffen, dass das Leckerli sich dort befindet, wohin mein Kopf zeigt.

Die Neugier treibt uns weiter, und wir steigern den Schwierigkeitsgrad. Wir machen nahezu den gleichen Versuch wie zuvor, nur strecken wir die Arme nicht mehr aus. Momo und ich stehen uns gegenüber und schauen uns an, neben mir stehen Sylvia und ihre Tochter Sunna. Sunna hält ein Leckerli in ihrer Hand, das Momo nicht sehen kann. Momo bekommt sein Leckerli, wenn er zu Sunna geht.

Woher weiß er, dass sie das Leckerli hat? Weil ich meinen Kopf zu Sunna drehe und sie anschaue. Momo ist äußerst erfolgreich. Nach anfänglichen Fehlversuchen versteht er die Regel: Geh dorthin, wohin der Kopf zeigt. Die Blickrichtung verrät den Ort der Belohnung.

Nun verfeinern wir den Test, indem ich nicht mehr den Kopf drehe, sondern Momo in die Augen schaue, den Kopf absolut stillhalte und mit einer Augenbewegung andeute, in welcher Hand das Leckerli versteckt ist. Momo versteht schnell meine Augensprache. Nach dem dritten Versuch irrt er sich kaum noch. Er hat verstanden, dass er von mir einen Hinweis bekommt, wo das Leckerli ist. Schwierig ist nur noch für ihn herauszubekommen, welche Hilfsmittel ich einsetze, um ihm einen Tipp zu geben. Ich bin überrascht, wie schnell er das Prinzip verstand.

Momo zeigt mir, dass unsere Hunde uns viel genauer beobachten, als wir meinen. Überspitzt ausgedrückt: Sie lesen uns die Wünsche von den Augen ab.

Das Becher-Experiment

Ich glaube, Momo hat Spaß an diesen Knobelaufgaben und wir auch. Ich nehme zwei Becher, die sich in der Form und Größe gut unterscheiden. Momo sitzt im Abstand von einem Meter direkt vor mir und beobachtet mich. Ich stülpe die Becher um und lege unter einen etwas Futter. Dann spreche ich ruhig: »Momo, such.«

Zielgerichtet wirft Momo den Becher mit Futter um und holt sich seine Belohnung. Diesen Vorgang wiederhole ich mehrere Male. Offenbar hat Momo gelernt, wie der Becher aussieht, unter dem das Futter liegt. Das überprüfe ich.

Momo darf diesmal nicht sehen, wo ich das Futter verstecke. Dann ändere ich die Position des Bechers und vergrößere die Entfernung. Steuert Momo schnurstracks zum fraglichen Becher, hat er begriffen, wo das Futter versteckt ist. Und tatsächlich entscheidet er sich richtig und holt sich, ohne zu zögern, seine Belohnung.

Nun erschweren wir die Aufgabe. Der Hund darf jetzt und in den weiteren Übungen nicht mehr sehen, wo das Futter versteckt wird. Fünf umgestülpte Becher werden in einer Reihe aufgestellt. Einer der Becher davon ist der alte. Der Hund muss den richtigen aus den fünf auswählen. Das dauert zwar etwas länger, ist aber für die meisten Hunde kein Problem.

Schwieriger wird es, wenn die Becher zufällig im Raum verteilt sind. Warum? Der Hund muss gelernt haben, dass es auf seine Wahl ankommt. Der Hund benötigt Zeit beim Suchen. Das ist für manche Hunde nicht ganz einfach. Diese Auf-

Ich habe das Gefühl, Momo hat Spaß am Lernen. Knobelaufgaben löst er mit Begeisterung. Es ist schön, dies zu beobachten.

gabe erfordert, dass man mit seinem Vierbeiner übt. Bei jeder richtigen Entscheidung muss der Hund gelobt werden. Und es wird noch etwas schwieriger. Man platziert das Futter nun unter einem anderen der fünf Becher. Die Becher sind der Reihe nach angeordnet. Der Hund geht, wie gelernt, zum alten Becher und ist enttäuscht, dass er kein Futter findet. Nun scheiden sich die Geister.

Einige Hunde schauen unter den anderen Bechern nach. Die anderen stehen verdutzt davor und verstehen die Welt nicht mehr. Bei den ratlosen muss man nun den richtigen Becher hochheben und dem Kandidaten das Futter zeigen. Jetzt wird es spannend! Wie lange benötigen die Hunde, bis sie gelernt haben, dass sich das Futter diesmal unter einem anderen Becher befindet?

Nach unseren Erfahrungen tun sie sich in der Regel alle damit schwer. Sie versuchen immer noch vergeblich ihr Glück beim alten Becher. Umlernen ist nicht einfach, das wissen wir aus eigener Erfahrung.

Einladung in die Schweiz

Diese und andere Versuche führte ich in einem Seminar über Hunde in der Schweiz durch. Ich wagte es, Momo mitzunehmen. Momo lebte nun mittlerweile seit zehn Monaten bei uns. Ich war gespannt, wie er auf eine vollkommen fremde Situation reagieren würde. Zugegeben, ich hatte etwas Angst, ihn zu überfordern. Im Hotel verhielt er sich vorbildlich. Er bellte nicht herum, sondern beschnupperte alles sorgfältig. Im Zimmer suchte er seinen Schlafplatz neben meinem Bett und schlief, im Gegensatz zu mir, die ganze Nacht ruhig. Er war nicht ängstlich, auch wenn wir im Flur fremden Menschen begegneten. Einmal begegneten wir sogar einem Hund. Sie beschnupperten sich und gingen friedlich weiter.

Dies war ein guter Auftakt, aber wie würde es am nächsten Tag sein, wenn Momo andere Hunde treffen würde? Während meines Vortrags lag er friedlich neben mir und betrachtete das Publikum. Ab und zu stand er auf und ging ein paar Schritte. Ob er Angst hatte, weiß ich nicht. Ich hatte das Gefühl, dass er etwas eingeschüchtert war. Es war für ihn eine völlig neue Situation. Ich glaube, man sah, wie es in seinem Kopf arbeitete. Er schaute immer nach mir und beobachtete mich genau. Ich streichelte ihn und sprach einige Liebkosungen aus. In der Mittagspause gingen wir spazieren und betrachteten die herrlich schönen Schweizer Berge. Unterwegs begegneten wir einigen Kursteilnehmern, die ebenfalls ihre Hunde dabeihatten. Mit einem von ihnen spielte Momo auch kurz. Nach dem Spaziergang machte er für eine Stunde ein Nickerchen im Auto.

Am Nachmittag führten wir die schon erwähnten Versuche durch, die Momo zum Teil kannte. Die Ergebnisse waren heterogen. Ein Hund konnte sich von seinem Besitzer nicht lösen und verweigerte den Test. Ein Hundebesitzer gab seinem Hund ständig Hilfen, damit sein Schützling die Aufgabe lösen konnte. Dieses Verhalten mancher Hundehalter habe ich häufiger erlebt. Schade, sie versäumen es, in die Welt des Hundes einzutreten. Ein Ziel meines Vortrages war es, die Halter sensibler für ihre Hunde zu machen. Die Versuche sind dazu bestens geeignet. In aller Regel zeigen sie, was in den Köpfen der Vierbeiner vor sich geht. Sie offenbaren Stärken und Schwächen des Tieres, beispielsweise ob ein Hund leicht aufgibt, wenn er ein Problem lösen soll.

Vier Prüflinge

Im Seminar in der Schweiz haben wir vier Prüflinge getestet. Der Versuch ist sehr einfach, aber er hat es auch in sich. Wir nahmen zwei gleiche Futterschalen und deckten sie mit jeweils gleichen weißen Pappkartons ab. Auf die eine Pappe zeichneten wir einen Kreis, auf die andere ein Dreieck. Die Futterbelohnung legten wir in die Schale mit dem Kreis. Dann gaben wir das Kommando »Such«. Unser erster Kandidat war ein quirliger Retriever. Ohne zu zögern, rannte er zum Dreieck. Fehlversuch, keine Belohnung. Er ließ sich nicht entmutigen. Nach dem achten Versuch war er sattelfest und wählte immer richtig den Kreis – auch dann, wenn wir die Schalen anders positionierten. Ihm war klar: Futter gibt es nur dort, wo ein Pappdeckel mit Kreis abgebildet ist.

Am nächsten Tag wollten wir wissen, was der Hund verstanden hat. Wir veränderten die Aufgabe. Wir zeichneten auf einen dritten weißen Pappkarton ein Viereck und legten ihn an die Stelle des Dreiecks. Unser kleiner Retriever-Star zögerte und ließ sich Zeit, weil er ein neues Symbol sah. Aber er hatte auch gelernt, dass es unter dem Kreis nichts gibt. Also wählte er das Viereck. Er hat uns gezeigt, wie scharf er denken kann. Auch mit Momo wollten wir den Versuch machen, aber wir scheiterten. Er hatte keine Lust, und Leckerlis sind nicht der richtige Anreiz für ihn.

Aber ich werde den Versuch mit ihm noch machen, sobald mir die richtige Belohnung eingefallen ist. Dieser Versuch hat einen Vorteil: Man kann den Schwierigkeitsgrad sukzessiv erschweren und die Aufmerksamkeit eines Vierbeiners immer mehr fordern. Etwa indem man anstelle des Vierecks ein Sechseck, Achteck und sogar Vieleck einsetzt, da das Vieleck einem Kreis zum Verwechseln ähnlich sehen kann.

Der Hund kann sich schließlich nicht mehr entscheiden. Er holt sich Hilfe bei Ihnen. Verweigern Sie die Hilfe, kann es vorkommen, dass der Hund beginnt, sich zu putzen oder zu kratzen, und sich zwischen die Futterschalen legt. Er zeigt eine typische Übersprungshandlung. So weit würde ich es aber nicht kommen lassen, weil der Hund in dieser Phase keine Freude mehr an dieser Übung hat. Es besteht die Gefahr, das Tier zu überfordern.

Überforderungen sind tabu

Der berühmte Lernforscher Iwan Petrowitsch Pawlow beschreibt folgendes Beispiel: Ein Hund hatte gelernt, dass ein Kreis Futter anzeigt, eine Ellipse kein Futter. Dem so vorbereiteten hungrigen Tier wurde dann eine kreisähnliche Ellipse geboten, die gestaltlich zwischen dem Kreis und der erlernten Ellipse stand. Hierdurch wurde bei dem Hund ein Verhalten ausgelöst, das man zuvor nie beobachtet hatte. Er jaulte und winselte und versuchte zu entkommen und biss in alle Gegenstände, die er erreichte. Tags darauf bellte er aufgeregt, als er in den Versuchsraum geführt wurde. Dort konnte er nicht mehr ausführen, was er erlernt hatte.

Derartige Überforderungskrisen nennt man auch experimentelle Neurosen. Als Ursache nimmt man einen Konflikt zwischen zwei Verhaltenstendenzen an, zum Beispiel Aggressivität und Angst. Ein Elefant war ein Vierteljahr lang auf visuelle Musterunterscheidungen dressiert worden, wobei ihm stets ein positiv (Futter) und negativ bewertetes Muster geboten wurde. Als er dann einmal ein Muster nach einem anderen Schema vorgelegt bekam, geriet er in Aufregung und begann wütend, die ganze Versuchsanordnung zu zerstören. Dieses Beispiel zeigt eine durch einen Konflikt ausgelöste Aggression.

Manchmal genügt solch eine traumatische Erfahrung, um Spuren für das ganze Leben zu hinterlassen. So wie bei dem Foxterrier Leo. Er wurde von einem weißen Sportwagen überfahren, kam aber mit dem Leben davon. Später warf er sich hinter allen weißen Sportwagen, die er sah, auf den Boden und jaulte, als sei er wieder überfahren worden. Ein anderer Hund war einmal während der Jagd angeschossen worden; seitdem zog er, sobald er einen Schuss hörte, eines der Beine an den Körper und lief eine Zeit lang auf drei Beinen.

Bei den meisten Lern- und Denkversuchen mit Hunden bekommen die Tiere als Belohnung etwas Futter. Wir wählen das Futter, das der Kandidat gern frisst, wissen aber selten, was er wahrnimmt.

Was schmeckt Momo?

Unsere Hunde nehmen eine Bratwurst oder Salzkartoffeln anders wahr als wir. Grund hierfür sind die Anzahl und die Verteilung der Geschmacksknospen auf der Zunge und die Ver-

Momo bekommt unterschiedlich schmeckendes Futter, damit seine Sinneswahrnehmung trainiert wird.

rechnung der Impulse im Gehirn. Auf der menschlichen Zunge befinden sich etwa 5000 bis 10.000 Geschmacksknospen. Jede Geschmacksknospe enthält etwa 25 Sinneszellen und mehrere Stützzellen. Ob wir eine Speise als salzig oder nach Fleisch oder Kuchen schmeckend wahrnehmen, ist für den Organismus alles andere als einfach. Die Geschmacksknospen sterben schon nach vierzehn Tagen Dienstzeit und müssen durch neue ersetzt werden. Bis ins hohe Alter reduzieren sie sich auf etwa 2000, weshalb auch der Geschmack mit den Jahren abstumpft. Deutlich mehr Knospen als der Mensch haben Schweine (15.000), Kaninchen (17.000) und Rinder (25.000) Sie sind also die eigentlichen Gourmets und nicht wir. Wir wissen es nicht genau, denn bei jeder Speise, die wir als köstlich oder ungenießbar empfinden, mischt sich der Geruch ein. Das können Sie selbst testen. Halten Sie sich einmal die Nase zu, und die Speise verliert unmittelbar ihren ursprünglichen Geschmack.

Was schmeckt Momo, wenn er Nudeln oder Fleisch frisst? Genau wissen wir es nicht. Hunde haben im Gegensatz zum Menschen viel weniger Geschmacksknospen (1700). Bedeutet dies, dass ihre Fähigkeit zu schmecken nicht so differenziert und variantenreich ist wie beim Menschen? Nicht unbedingt, da ja der Geruchssinn bei Hunden so viel ausgeprägter ist. Vielleicht ergibt das Zusammenspiel von Geruchs- und Geschmackszellen ein intensives Erlebnis und führt dann zu Verrechnungen im Gehirn, die einen uns unbekannten Geschmackseindruck entstehen lassen.

Im Vergleich zur Nase ist die Zunge ein unspektakuläres Sinnesorgan. Sie verfügt lediglich über vier Geschmacksqualitäten. Es gibt Geschmacksknospen für salzig, sauer, süß und bitter. Erst kürzlich hat man eine fünfte Geschmacksknospe entdeckt und gab ihr den japanischen Namen umami = köstlich, wohlschmeckend, nach Fleisch schmeckend. Beschreiben würde man diese Geschmacksqualität als vollmundig, wie es typisch für Fleisch, Pilze oder Käse ist.

Viele Untersuchungen belegen, dass die individuellen Unterschiede in der Geschmackswahrnehmung sehr groß sein können. Manche Substanzen schmecken für den einen bitter, der andere dagegen nimmt sie gar nicht wahr. Es ist also sehr schwer, von seinem eigenen Geschmack auf den einer anderen Person zu schließen.

Um wie viel schwerer ist es, vom Menschen auf den Hund zu schließen. Aber ich weiß aus Erfahrung, dass alle meine Hunde Geschmackspräferenzen hatten und haben. Und das macht auch Sinn. Warum sonst sollten sich unterschiedliche Geschmacksrezeptoren entwickelt haben.

Meine Hunde bekommen grundsätzlich unterschiedlich schmeckendes Futter. Damit wird ihre Sinneswahrnehmung trainiert. Würden Sie jeden Tag gerne das Gleiche essen? Hunde haben übrigens im Gegensatz zu den meisten Säugetieren keine Rezeptoren für »salzig«.

Ein Jahr mit Momo

Momo lebt jetzt nahezu ein Jahr bei uns. Wir verstehen uns, er gehört zur Familie, wie alle meine früheren Hunde. Selbst die Enkelkinder im zarten Alter von vier Jahren streicheln ihn, obwohl er größer ist als sie. Er genießt das Menschenrudel. Jeder akzeptiert ihn, und jeder mag ihn. Der kleine Julius mit seinen zweieinhalb Jahren hat Respekt vor ihm und manchmal ein wenig Angst. Momo antwortet mit zärtlichem Schnuppern und Lecken. Mit Bernhardiner-Ruhe liegt er da und betrachtet das Geschehen. Ich bin vorsichtig, denn immer wieder geht mir sein früheres Leben durch den Kopf. Wir wissen heute, dass Tiere, die eingesperrt und in einer reizarmen Umwelt groß geworden sind, häufig Verhaltensstörungen zeigen. Eine Verhaltensstörung ist zum Beispiel die Stereotypie.

Zeigt Momo eine Stereotypie?

Bei Hunden, die im Zwinger leben und eine inadäquate Erziehung erfahren haben, kann man Verhaltensfrustrationen beobachten, die sich häufig in Stereotypien äußern. Stereotypien sind definiert als repetitive, also sich häufig wiederholende, unveränderliche Verhaltensmuster ohne erkennbare Funktion. Bezeichnend ist, dass sie gleich ablaufen. Sie bestehen aus abnormalem Wiederholen bestimmter motorischer Bewegungen. Die Grenzen zwischen gesund und krank oder normal und pathologisch sind fließend. Verhaltensbiologen definieren ein Verhalten als gestört oder als krankhaft, sofern es das Individuum selbst, seinen Sozialverband oder seine Art schädigt oder aber sofern es aufgrund von äußeren Schädigungen oder nachteiligen Einflüssen auftritt, ohne den Organismus gegen sie zu schützen.

Momo hat einen festen Tagesplan im Kopf. Er beobachtet uns häufig und gut und schließt aus unserem Verhalten, was wir bald tun werden. Er kann unser Verhalten interpretieren und äußert seine Wünsche. Bricht aus irgendeinem Grund sein Zeitkorsett zusammen, dann kommt er, wedelt mit dem Schwanz und stupst mich. So, als wenn er sagen möchte: »Es wird Zeit, dass wir gehen.«

Momos festes Zeitkorsett ist aber meines Erachtens keine Stereotypie. In der wissenschaftlichen Literatur wird oft das Lecken der Vorderpfoten als Stereotypie beschrieben. Momo leckt zwar ab und zu die Vorderpfote und nimmt sie ins Maul, aber das hat nichts Zwanghaftes und kann deshalb nicht als Stereotypie gelten.

Du fehlst mir

Mangelnder Kontakt zu Artgenossen, Menschen und Umweltreizen können Verhaltensstörungen hervorrufen, wie zum Beispiel ein gestörtes Lernvermögen. Eine häufige Folge isolierter Aufzucht besteht darin, dass die Tiere kaum oder gar nicht fähig sind, ihr Verhalten aufgrund von Erfahrungen zu ändern.

Momo hat während unseres Zusammenlebens bestimmte Räume in unserem Haus noch nie betreten. Aus unserem Wohnzimmer führen zwei Türen in den Flur. Er betritt ihn aber nur durch immer die gleiche Tür. Ist sie geschlossen, geht er nicht in den Flur, obwohl die andere Tür geöffnet ist. Er hat in diesem Jahr noch nie den Versuch gemacht, durch die andere Tür zu treten, obwohl sie nur etwa einen Meter entfernt ist.

Mit Welpen, die vom ersten bis zum achten Lebensmonat isoliert gehalten wurden, machte man einen Test mit einem Spielzeugauto: Wenn es berührt wurde, teilte es sanfte elektrische Schläge aus. Erst nach 25 schlechten Erfahrungen lernten die allein aufgewachsenen Welpen, das Auto zu meiden. Normal aufgewachsene Hunde brauchten dagegen nur sechs Berührungen. Das hing auch damit zusammen, dass die zuvor isoliert gehaltenen Hunde nach dem elektrischen Reiz in panische Angst gerieten, wild herumliefen und dabei unversehens wieder das Spielzeugauto berührten. Die normal aufgewachsenen Tiere reagierten auf die Situation gar nicht aufgeregt und verhielten sich sinnvoller.

Aus diesem Beispiel kann man schließen, dass die isolierte Aufzucht nicht das Lernvermögen an sich beeinträchtigt, sondern der Schreck so groß ist, dass sich keine Lernbereitschaft einstellt oder das Erlernte keinen Einfluss auf das Verhalten ausübt.

Wir halten fest: Während der gesamten Wachstumsphase isoliert gehaltene Tiere sind später oft schwer beeinträchtigt in der Fähigkeit, ihr Verhalten durch Auswertung von Erfahrungen an die Umstände anzupassen – nicht, weil das Lernvermögen als solches geschädigt wäre, sondern weil die Tiere zu verängstigt und aufgeregt sind, um Erfahrungen sinnentsprechend aufzunehmen oder anzuwenden. Genau dieser Sachverhalt trifft meines Erachtens auch für Momo zu.

Wie wichtig die Mutter und Artgenossen sind, zeigen uns unsere näheren Verwandten, die Rhesusaffen. Studien belegen, dass Rhesusaffen, die allein von ihren Müttern aufgezogen werden und niemals die Gelegenheit zum Spielen mit Altersgenossen erhalten, schwere Störungen in ihrem sexuellen und sozialen Verhalten zeigen. Wachsen die Jungtiere dagegen mutterlos, aber mit drei Artgenossen zusammen auf, so verläuft das Entwicklungsgeschehen zwar langsamer, gleicht aber sonst dem Normalverlauf.

Vorsicht, bissiger Hund – Aggression

Momo ist ein friedliches Geschöpf, wie die meisten seiner Artgenossen. Nur wenn er sich bedroht fühlt, demonstriert er seine Kraft. Er bellt sein Gegenüber an, und die meisten von ihnen – egal ob Mensch oder Hund – verstehen die Botschaft. Bis jetzt habe ich nur einen Hund erlebt, der sich mit ihm angelegt hat. Nach wenigen Minuten und kurzem Kampf war der Disput zu Momos Gunsten erledigt. Der Kontrahent lief weg.

Dennoch bin ich vorsichtig und lasse solche Auseinandersetzungen nicht zu. In kritischen Situationen halte ich Momo an der Leine kurz, um Unheil zu vermeiden. Nach Professor Bernhard Hassenstein verwendet man den Ausdruck »Aggression« in der Verhaltensbiologie für gegnerische Auseinandersetzungen zwischen Artgenossen oder auch zwischen den Vertretern verschiedener Tierarten. Aggressivität heißt Bereitschaft zur gegnerischen Auseinandersetzung. Aggressives Verhalten kann als Ausdruck von unterschiedlichen Bedingungen beziehungsweise Verhaltensbereitschaften auftreten. In der Beziehung zu Momo fällt mir auf: Je enger unsere Bindung ist, umso aggressiver ist er gegenüber anderen Lebewesen. Heute muss ich aufpassen, welchem Hund oder Menschen wir begegnen. Passen sie nicht in sein Bild, dann warnt er sie durch Bellen und Knurren. Momo hat kein Vertrauen zu ihnen und verteidigt mich.

Warum sind manche Hunde aggressiver?

Seit einigen Jahren interessiert sich die Forschung dafür, wie Lebewesen Vertrauen fassen. Sie beobachteten bei Tierversuchen mit bestimmten Säugetieren, dass das Hormon Oxytocin zu einem friedlichen Zusammenleben führt, weil sie einander trauen. Wir erinnern uns: Das Hormon Oxytocin ist unter anderem verantwortlich für Bindung und Empathievermögen (→ Gut zu wissen, Seite 170). Auch über die Frage nach der Wurzel aggressiven Verhaltens wird heute noch viel diskutiert. Sicher ist immerhin: Eine hohe Konzentration von Oxytocin im Blut senkt die Aggression. Begleithunde, zum Beispiel Blindenhunde, die gezielt wegen ihres ruhigen Temperaments gezüchtet werden, haben einen deutlich höheren Oxytocin-Spiegel als die Mehrzahl unserer vierbeinigen Freunde.

Ein Leben lang frage ich mich schon, warum manche Hunde aggressiver sind als andere. Liegt es an der Umwelt oder der Genetik? Mein lieber, verstorbener Bernhardiner Balu war sehr häufig aggressiv anderen Hunden gegenüber. Er hat ihnen nichts angetan, sondern sie lediglich durch Knurren und Bellen bedroht. Ich konnte mir sein Verhalten nicht erklären, denn in seiner Kindheit und Jugendphase spielte er fast täglich mit Artgenossen zusammen. Er war gut sozialisiert. Ich habe viele Ratschläge von erfahrenen Hundehaltern eingeholt. Ohne Ergebnis. Einer erklärte, ohne Prügel sei da nichts zu machen, fügte aber hinzu, dass er dies ablehnte. Wer Prügel bei der Erziehung einsetzt, sollte keinen Hund halten. Letztendlich blieb ich ohne befriedigende Auskunft.

Was steuert Aggression?

Umso mehr habe ich mich über die Forschungsergebnisse von Evan MacLean, einem Psychologen und Anthropologen der Universität von Arizona, gefreut, der das Verhalten von Präriewühlmäusen erforschte. Sie brachten ihn auf die Idee, die Aggression von Hunden zu untersuchen. Er wollte wissen: Warum sind manche Hunde aggressiver als andere? Spielen bei der Aggression womöglich ähnliche Hormone wie bei den Präriewühlmäusen eine Rolle? Er führte folgende Versuche durch: Hundebesitzer gingen mit ihren Hunden an drei Hundeattrappen vorbei, um ihre Reaktionen zu testen und anschließend Blutproben zu entnehmen. Wie erwartet, knurrten, bellten und zerrten die aggressiven Hunde heftiger in Richtung Attrappen. Evan MacLean stellte fest, dass aggressivere Hunde eine größere Menge des Hormons Vasopressin im Blut hatten als die friedlichen Artgenossen. Das war und ist eine Sensation. Keiner hatte damit gerechnet, dass dieses Hormon die Aggression mitsteuert.

Schon bemühen sich Wissenschaftler, einen Vasopressin-Inhibitor zu entwickeln. Vasopressin ist ein Hormon der Hirnanhangdrüse, das bei der Blutdruckregulation eine wesentliche Rolle spielt. Bislang sah man in einem erhöhten Testosteron- und vermindertem Serotonin-Pegel einen Grund für aggressives Verhalten. In einem anderen Experiment setzten die Forscher Begleithunde entweder einem bedrohlichen Fremden oder einem unbekannten Hund aus. In beiden Fällen blieben die Begleithunde ruhig und hatten ein höheres Oxytocin-Level als die meisten anderen Hunde.

Innerartliche Aggression

Ein Ansteigen des männlichen Sexualhormons Testosteron kann die Aggression ebenfalls steigern. Viele Tierarten leben außerhalb der Fortpflanzungszeit in friedlichen Gruppen zusammen. Mit Beginn der Fortpflanzungszeit werden sie aber mehr und mehr aggressiv, der Testosteron-Pegel im Blut steigt an, und die Gruppe zerfällt in Paare. Die Zunahme der Aggressivität verläuft parallel zum Anwachsen der Keimdrüsen. Innerartliches Aggressionsverhalten, das jedoch scharf von der zwischenartlichen Feindabwehr und dem Beuteerwerb

Momo hat ein friedliches Wesen. Doch es gibt durchaus Situationen, in denen er meint, uns durch Knurren und Bellen verteidigen zu müssen.

unterschieden werden muss, tritt bei nahezu allen Wirbeltieren auf. Es ist daher naheliegend, die innerartliche Aggression als ein uraltes Wirbeltiererbe aufzufassen. Ihre biologische

Aufgabe besteht darin, nachteilige Folgen des sozialen Zusammenlebens zu unterdrücken. Sie sorgt dafür, dass die Tiere nicht zu eng zusammenleben, sondern Abstand halten. Die Aggression ist also unter natürlichen Bedingungen keineswegs zerstörerisch oder lebensfeindlich, sondern sie ist biologisch sinnvoll. Im Laufe der Evolution haben sich daher Verhaltensweisen durchgesetzt, die Kämpfe im Zaum halten. Zum Beispiel: die Aggressionshemmung gegenüber Jungtieren, Weibchen oder Gruppenmitgliedern.

Aggression – eine Mischung aus Genen und Umwelt

Bei Verhaltensbiologen gilt Aggression nicht rein als angeboren. Man hält sie für das Mischprodukt von Genen und Umwelt. Dafür spricht folgendes Versuchsergebnis: Neugeborene Katzen wurden in drei verschiedenen Situationen aufgezogen: entweder isoliert oder gemeinsam mit dem Muttertier oder zusammen mit Ratten. In regelmäßigen Abständen wurden die Jungtiere aller Gruppen mit einer Ratte zusammengebracht. An der Tötungsrate ließ sich erkennen, dass das Töten und Jagen von Nagetieren nur dann gehäuft auftrat, wenn die jungen Katzen durch ihre Mutter den Beutefang erlernt hatten. Junge Katzen, die mit Ratten aufgewachsen waren, entwickelten kein Bedürfnis zur Rattenjagd. Sie spielten zwar mit den Nagern und haschten nach ihnen, aber ohne sie zu quälen oder zu töten. Selbst wenn sie nach vier Monaten durch das Beispiel ihrer Mutter dazu hätten verleitet werden können, hielt sie die gemeinsame Erfahrung mit den Nagern davon ab. Momo hat im Laufe dieses Jahres gelernt, aggressiv zu sein und für sich einzustehen.

Danke, Momo …

Du hast mein Biologenleben ungemein bereichert in einer Weise, wie ich es mir nicht vorstellen konnte. Obwohl ich viel erleben durfte. Schon als fünfjähriger Junge bekam ich einen weißen Chow-Chow von meiner Mutter geschenkt. Seitdem sind Hunde ohne Unterbrechung meine Begleiter durchs Leben. Als junger Student schenkte mir mein Bruder einen Wellensittich. Heute leben 21 gefiederte Freunde in einer Voliere bei mir. Ich verdanke ihnen viel. Sie ließen mich das Feld der Wissenschaft betreten. Diese empfindsamen Geschöpfe lehrten mich, wie schwer es ist, Verhaltensweisen zu interpretieren und zu beurteilen. Ich habe viel Lehrgeld gezahlt, aber es hat sich rentiert. Wellensittichen kann man nicht seinen Willen aufzwingen. Ein Freund der Vögel wird man nur, wenn man versucht, ihre Gefühle und Verhaltensweisen zu verstehen. Ähnlich geht es mir mit Momo. Täglich frage ich mich: Was denkt er, was fühlt er, und wie nimmt er seine Welt wahr? Es macht viel Freude, einen Türspalt in seine Psyche zu öffnen.

Momo hat inzwischen viele seiner Ängste besiegt. Er verhält sich heute wie die meisten seiner Artgenossen. Er schnuppert, wo immer es interessant ist. Trifft er einen anderen Hund, wird dieser mit freudigen, für Hunde ungewöhnlichen Jaultönen begrüßt. Die Artgenossen staunen – wie ich – über seine Lautäußerungen. Bei keinem meiner zahlreichen Hunde habe ich eine solche lautliche Begrüßungs-Kommunikation gehört.

Mit Momo war es mir bis heute keinen Tag langweilig, weil er mich immer wieder herausfordert, eine fremde Welt zu betreten. Er fordert und fördert mich vermutlich genauso wie ich ihn. Momo hat sein Lern- und Denkvermögen in wissenschaftlichen Versuchen unter Beweis gestellt. Er vertraut mir,

Momo wird geliebt, und er gibt uns viel Liebe zurück.

und ich mache ihm Mut. Das ist für uns beide ein schönes Gefühl. Tagtäglich genieße ich unser Zusammenleben. Keiner meiner Hunde hat mit mir so einen ausdrucksstarken Augenkontakt aufgenommen wie Momo. Seine Augen erzählen mir seine Wünsche. Und umgekehrt.

Wenn er zum Beispiel Hunger hat und es Zeit ist, ihm sein Fressen zu geben, schaut er mich mit großen Augen intensiv an. Ohne irgendeine andere Bettelhandlung. Wir verstehen uns wortlos. Äußerst selten fällt er noch in eine Angstpanik. Im letzten halben Jahr ist es nur ein einziges Mal passiert. Irgendeine Szene oder Töne im Fernseher haben ihn erschreckt. Aber im Gegensatz zu früher suchte er sofort bei mir Schutz, und ich konnte ihn beruhigen.

Momo ist heute einer von uns. Er ist für mich ein Führer in die fremde Welt der Gedanken und Gefühle von Hunden beziehungsweise einer Hundepersönlichkeit. Er wird geliebt und gibt viel Liebe, selbst den Enkelkindern. Wer sieht, wie er uns verteidigt, würde nie auf die Idee kommen, dass er jemals ängstlich war. Wir haben es geschafft.

Register

A

B

C

D

E

T

U

V

W

Z

Adressen, die weiterhelfen

Verbände

Fédération Cynologique Internationale (FCI),
Place Albert 1er, 13,
B-6530 Thuin,
www.fci.be

Verband für das Deutsche Hundewesen (VDH) e. V.,
Westfalendamm 174,
44141 Dortmund,
www.vdh.de

Österreichischer Kynologenverband (ÖKV),
Siegfried-Marcus-Str. 7,
A-2362 Biedermannsdorf,
www.oekv.at

Schweizerische Kynologische Gesellschaft (SKG/SCS),
Sagmattstr. 2,
CH-4710 Balsthal,
www.skg.ch

Deutscher Tierschutzbund e. V.,
In der Raste 10,
53129 Bonn,
www.tierschutzbund.de

Österreichischer Tierschutzverein, Berlagasse 36,
A-1210 Wien,
www.tierschutzverein.at

Schweizer Tierschutz (STS),
Dornacher Str. 101,
CH-4008 Basel,
www.tierschutz.com

Deutscher Hundesportverband e. V., Voshoveler Str. 9 a,
46485 Wesel,
www.hundesport.de

Berufsverband für Tierverhaltensberater und -trainer e. V.,
Achtern Dieck 6,
24576 Bad Bramsstedt,
www.vdtt.org

BPT-Bundesverband praktizierender Tierärzte e. V.,
www.smile-tierliebe.de
Über das Portal finden Sie den nächstgelegenen Tierarzt.

Adressen im Internet

www.hunde.com
Infos rund um den Hund, Diskussionsforum

www.spass-mit-hund.de
Mit vielen Ideen rund ums Spiel

www.hundeadressen.de
Infos zu Sport, Erziehung und Ausbildung

www.haushueter.org
Urlaubsbetreuung

www.stadthunde.com
Community rund um den Hund für zahlreiche Großstädte

www.tierklinik.de
Informationsportal zur Tiermedizin

www.giftpflanzen.ch, www.botanikus.de Informationen zu giftigen Pflanzen

www.cleverdoglab.at
Am Forschungsinstitut »Messerli« der veterinärmedizinischen Unversität Wien können sich Hundehalter mit ihren Hunden als Studienteilnehmer bewerben.

Literatur und Quellen

Ainsworh, M./Wittig, B.: **Attachment and exploratory behavior of one-year-olds in a strange situation.** Scientific Research

Angststörung: **Forscher finden Risikomutationen für Angst und Panikerkrankungen.** Julius-Maximilians-Universität Würzburg

Balcombé, J.: **Tierisch vergnügt.** Kosmos Verlags-GmbH

Bowlby J./Ainsworth, M.: **Bindung und menschliche Entwicklung.** Klett-Cotta

Bräuer, J.: **Klüger als wir denken: Wozu Tiere fähig sind.** Springer Spektrum

Bräuer, J.: **Hunde sehen was sie riechen.** Journal of Comparative Psychology

Bruck J.: **Pfiffiges Gedächtnis.** GEO Magazin 10/2013

Clayton, N.: **Intelligenz bei Vögeln.** Science ORF.at

Clarke, M. R.: **American Journal of Primatology**

Cheney, D. L./Seyfarth R.: **Signalers and receivers in animal communication.** Annual review of psychology, 2003

de Waal, F.: **Primaten und Philosophen.** Carl Hanser Verlag

Domschke, K.: **Forschungsgebiet: Angststörungen.** Uni Freiburg

Eibl-Eibesfeldt I.: **Grundriss der vergleichenden Verhaltensforschung.** BuchVertrieb Blank

Faragó. T.: **The bone is mine: affective and referential aspects of dog growls.** ScienceDirekt

Feddersen-Petersen, D.: **Hundepsychologie.** Kosmos

Feuerbach, A. von: **Kaspar Hauser.** Waldkircher Verlag

Genetic Architecture of Tameness in a Rat. Genetics June 1 2009

GEO Magazin: **Delfine.** 10/2013

Gfrerer N./Taborsky M.: **Working dogs transfer different tasks in reciprocal cooperation.** Biology Letters

Gfrerer, N.: **Wie Du mir, so ich allen.** Online Magazin der Uni Bern 16.03.2017

Gosling. S. D.: **Primate Psychology.** Harvard University Press

Hassenstein, B.: **Klugheit: Bausteine der Naturgeschichte der Intelligenz.** Deutsche Verlags-Anstalt

Hauser, M.: **Wilde Intelligenz.** dtv

Hediger, H.: **Tiere verstehen: Erkenntnisse eines Tierpsychologen.** dtv

Henschel, U.: **Der Mann, der mit den Fingern sieht.** GEO Magazin

Hediger, Heini: **Tiere verstehen.** dtv

Helmholtz Zentrum München: **Angst erzeugt epigenetische Veränderungen an Immun-Genen.** Pressemitteilung 26.09.2017

Hirnforschung: **Kann das Angst-Gedächtnis gelöscht werden?** Genetics June 1 2009

Huber, L.: **Hunde können Gesichtsausdrücke deuten.** Science ORF.at

Huber, L.: **Hunde können sich in Menschen hineinversetzen.** Science ORF at/APA 07.04.2017

Julius, H. et al: **Bindung zu Tieren.** Hogrefe Verlag

Kaminski J.: **The Social Dog: Behavior and Cognition.** Academic Press

Kaminski J./Nitzschner M.: **Do dogs get the point?** Elsevier

Kandel, E.: **Auf der Suche nach dem Gedächtnis.** Pantheon Verlag

Kirkilionis, E.: **Die Grundbedürfnisse des Säuglings und deren medizinische Aspekte.** notabene medicis 2 1997

Korte, M.: **Warum wir vergessen.** Spektrum de 07.08.2018

Lacoboni M.: **Woher wir wissen, was andere denken und fühlen.** Deutsche Verlags-Anstalt

LeDoux, J.: **Bewusstsein: Die ersten vier Milliarden Jahre.** Klett-Cotta

Leukei, R. /Fargo T.: **That dog won't fit: body size awareness in dogs.** Animal cognition 23; 337-350

Lorenz, K.: **Er redete mit dem Vieh, den Vögeln und den Fischen.** dtv

MacLean, E. L.: **Endogenous Oxytocin Vassopressin and Aggression in Domestic Dogs Front Psychol.** September 2017

Matsuzawa, T.: **Primate Origins of Human Cognition and Behavior.** Springer Verlag

Max-Planck-Gesellschaft: **Neues Modell zu kooperativem Verhalten,** 8. Juni 2012

Meltzoff A./Moore, K.: **Infant behavior and development.** Elsevier

Ostendorf F./Angleitner A.: **NEO-Persönlichkeitsinventar nach Costa und McCrae.**

Overall K.: **Manual of Clinical Behavioral Medicine for Dogs and Cats.** Mosby

Pääboo, S.: **Neanderthal Man.** Basic Books

Panksepp J.: **Affective Neuroscience: The Foundations of Human and Animal Emotions.** Oxford University Press

Pellis, S. und V.: **The Playful Brain.** Oneworld Publications

Phleps, E.: **Emotion, Lernen, Gedächtnis, Entscheidungsfindung.** New York University

Range F.: **Wie denken Tiere?** Carl Ueberreuter Verlag

Rizzolatti G.: **Spiegelzellen.** Spektrum der Wissenschaft 03/2007

Roth, G.: **Persönlichkeit, Entscheidung und Verhalten.** Klett-Cotta

Roth, G.: **Warum es so schwierig ist, sich und andere zu ändern.** Klett-Cotta

Schindler, U.: **Warum schlafen wir?** Spektrum der Wissenschaft 14.10.2019

Selye H.: **Stress – Bewältigung und Lebensgewinn.** Piper Verlag

Smuts, B. B.: **Between Species: Science and Subjectivity.** CONFIGURATIOS January 2008

Spitzer, M.: Lernen: **Gehirnforschung und die Schule des Lebens.** Spektrum Akademischer Verlag

Topál, J.: **Hundeforschung.** Eotvos Universität Budapest

Wurtz, R. H.: The Neurobiology of Saccadic Eye Movements. Elsevier Science Ltd

Uher, J.: **Was ist Persönlichkeit?** Pressemitteilung

Zak, Paul J. : **Die Neurobiologie des Vertrauens.** Spektrum der Wissenschaft 04/2009

Bildnachweis

Cover: Trio Bildarchiv/Nicole Sikorski

Fotos: Alle Fotos in diesem Buch stammen von Claudia Rahlmeier, mit Ausnahme von: Immanuel Birmelin: 175, 194, 238; Heinz von Matthey: 24, 153.

Icon: Shutterstock

Syndication: www.seasons.agency

Wichtiger Hinweis

Die Gedanken, Methoden und Anregungen in diesem Buch stellen die Erfahrung des Verfassers dar. Sie wurden vom Autor nach bestem Wissen erstellt und mit größtmöglicher Sorgfalt geprüft. Weder Autor noch Verlag können jedoch für eventuelle Nachteile oder Schäden, die aus den im Buch vorgestellten Informationen resultieren, eine Haftung übernehmen.

Der Autor

Dr. Immanuel Birmelin ist Verhaltensforscher von internationalem Rang und war jahrelang Mitglied der Fachgruppe für Verhaltensforschung der Deutschen Veterinärmedizinischen Gesellschaft e. V. Er hat ein ethologisches Konzept mitentwickelt, das dazu dient, Tierschutzfragen wissenschaftlich zu erfassen, und ist auch als Sachverständiger für artgerechte Tierhaltung tätig. Er hält zudem regelmäßig Seminare ab. Zusammen mit Volker Arzt dreht er erfolgreiche Filme, wie »Wenn die Tiere reden könnten«, »Wer ist klüger: Hund oder Katze?«, »Kluge Vögel«, »Kluge Pflanzen« und »Manege frei«, die ein Millionenpublikum begeistern. Darüber hinaus war er wissenschaftlicher Berater bei Tierfilmproduktionen. Immanuel Birmelin lebt mit seiner Frau Sylvia, dem Bernhardiner Momo und einer fröhlichen Schar an Wellensittichen in Freiburg im Breisgau.

Impressum

GRÄFE
UND
UNZER

Gräfe und Unzer ist eine eingetragene Marke der
GRÄFE UND UNZER VERLAG GmbH, www.gu.de

ISBN 978-3-8338-8219-7
1. Auflage 2023

Projektleitung: Anita Zellner
Lektorat: Gabriele Linke-Grün
Bildredaktion: Petra Ender, Natascha Klebl (Cover)
Korrektorat: Annette Baldszuhn
Unschlaggestaltung & Layout: ki 36 Editorial Design, München, Bettina Stickel
Satz: Ludger Vorfeld, München
Herstellung: Susanne Fuhrmann
Reproduktion: Longo AG, Bozen
Druck & Bindung: Livonia, Riga

Umwelthinweis:
Nachhaltigkeit ist uns sehr wichtig. Der Rohstoff Papier ist in der Buchproduktion hierfür von entscheidender Bedeutung. Daher ist dieses Buch auf PEFC-zertifiziertem Papier gedruckt. PEFC garantiert, dass ökologische, soziale und ökonomische Aspekte in der Verarbeitungskette unabhängig überwacht werden und lückenlos nachvollziehbar sind.

GRÄFE
UND
UNZER

Ein Unternehmen der
GANSKE VERLAGSGRUPPE